黄河之旅

了不起的古建筑

陆莎 著

九州出版社
JIUZHOUPRESS

图书在版编目（CIP）数据

了不起的古建筑：黄河之旅 / 陆莎著 . -- 北京 ：
九州出版社，2025. 3. -- ISBN 978-7-5225-3719-1

Ⅰ . TU-092.2

中国国家版本馆 CIP 数据核字第 20257EA705 号

了不起的古建筑：黄河之旅

作　者	陆 莎 著
责任编辑	蒋运华
出版发行	九州出版社
地　址	北京市西城区阜外大街甲 35 号（100037）
发行电话	（010）68992190/3/5/6
网　址	www.jiuzhoupress.com
印　刷	北京亚吉飞数码科技有限公司
开　本	710 毫米 ×1000 毫米　16 开
印　张	14
字　数	155 千字
版　次	2025 年 3 月第 1 版
印　次	2025 年 3 月第 1 次印刷
书　号	ISBN 978-7-5225-3719-1
定　价	86.00 元

黄河，作为中华民族的母亲河，孕育了灿烂辉煌的中华文明。黄河岸畔，人们逐水而居，在黄河的滋养与馈赠下绘就了瑰丽多姿的文明画卷，而建筑则是其中璀璨夺目的篇章。

"浊波浩浩东倾，今来古往无终极。"滚滚东流的黄河水见证了峥嵘岁月，黄河两岸的古建筑始终傲然屹立，诉说着悠悠往事。

让我们沿着黄河的足迹，寻找散落在黄河岸畔的古建筑，畅享一段富有地域特色的黄河文化之旅。

首先，本书带你了解九曲黄河道的建筑起源，感受黄河流域的独特建筑风情，认识保护黄河流域古建筑的重要意义。

其次，本书为你细数黄河两岸的古建筑遗珍，让你领略不同古建筑的历史风貌与绝美风采：未央宫、大明宫、兴庆宫等官殿建筑巍峨宏大；天水胡氏民居、榆次常家庄园、祁县乔家大院、灵石王家大院等民居建筑朴拙天成；西安城墙、平遥城墙、甘肃嘉峪关等城防建筑坚固威严；兰州白云观、三原城隍庙、天水伏羲庙等庙观建筑静谧清幽；渭源灞陵桥、兰州中山桥、西安大雁塔与小雁塔、青铜峡一百零八塔等桥塔建筑古韵悠长；聊城山陕会馆、炳灵寺石窟、礼泉昭陵、丰图义仓等经典建筑进一步丰富了黄河流域的建筑风貌。

本书以通俗细腻的文字阐述和随文高清彩图，真实再现了黄河岸畔的古建筑的风貌。书中还特别穿插了与黄河两岸古建筑相关的知识板块，为读者带来更加丰富、有趣的阅读体验。

感悟黄河风情，领略建筑风采。阅读本书，相信你定会对黄河两岸古建筑的千年神韵有更深刻的感悟。

目录

第一章

九曲黄河道，半部古建史

黄河流域是中华文明的核心发祥地之一，在这片古老而富饶的土地上，先民们利用各种建筑材料建造出一座座极具地域风情的建筑，并慢慢形成独特的建筑体系与文化。

　　接下来，让我们一同探寻黄河流域古建筑的起源，了解其特点，沿着黄河领略别样的建筑魅力。

黄河流域古建筑的起源

　　黄河流域古建筑由原始社会的穴居、半穴居建筑发展而来。黄河流域有着丰厚的、含有石灰质的黄土层。原始社会晚期，生活在黄河中游的远古人类结合这一地质特点，在黄土断崖上横挖洞、竖掘穴，逐步发展出"穴居"这种原始的居住方式。

　　后来，远古人类又学会在洞穴上用木头、树枝、树叶搭建围墙和顶盖，穴居便慢慢演变成半穴居。比如，陕西西安半坡遗址显示，距今6000多年前的半坡居民大多居住在半地穴式的房屋里。先民先从地表挖出穴坑，在穴坑中埋下立柱，再利用树木沿着坑壁搭建围墙和顶盖，建成可以抵御北方严寒气候的安全住所。

　　半穴居渐渐又发展成原始地面建筑，即形式简单的、建在地面上的房屋。随后，到了殷商时期，"上栋下宇"、能遮风避雨的宫室开始出现。这一时期的宫室可能是单层，也可能是两层乃至多层建筑，外观上已经具备台基、墙面、屋顶等不同建筑部位。

　　简而言之，黄河流域的古建筑经历了由穴居建筑到半穴居建筑，再到原始地面建筑及宫室建筑的漫长发展过程。这一系列建筑形式的发展演变，对后世乃至现代建筑形制都产生了深远影响。

西安半坡遗址

沿着黄河看建筑

黄河奔腾千年，孕育了丰富璀璨的华夏文明。古人在黄河岸畔建起一座座风格各异的建筑，将神州大地装扮得靓丽多姿。

沿着黄河，可以探访一座座古建筑传奇。

黄河流域内的宫殿建筑巍峨雄壮，规模宏大。汉宫的代名词未央宫、唐朝的政治中心大明宫及"长安三大内"①之一的兴庆宫等奠定了后世宫殿建筑的格局，影响深远。永登鲁土司衙门、泰安岱庙建筑群等古貌犹存，风格独特。

黄河流域的民居建筑古朴典雅，大气壮观。其中，韩城党家村建筑精良，别具一格；榆次常家庄园布局严谨，古色古香；祁县乔家大院、灵石王家大院、沁水柳氏民居、惠民魏氏庄园等古民居建筑各具风采。这些古民居建筑都具有极高的历史价值、艺术鉴赏价值及人文

---

① 太极宫、大明宫、兴庆宫。

价值。

黄河流域的城防建筑高峻威严，气势森然。其中，西安城墙、平遥城墙高大宏伟，守护古城千年；嘉峪关、偏头关、函谷关、宁夏明

泰安岱庙角楼

榆次常家庄园

长城等险峻天成，雄踞要塞；榆林吴堡石城矗立于黄河西岸山巅，山环水绕，风姿独特。

黄河流域的庙、观、桥、塔等建筑风格迥异，像一颗颗明珠镶嵌在大地上。其中，兰州白云观、天水玉泉观、榆林白云山庙、天水伏羲庙等庙观建筑结构精巧，古朴雅致；渭源灞陵桥、兰州中山桥、西安大秦寺塔、青铜峡一百零八塔等桥塔建筑巍峨大气，庄重典雅。

黄河流域的古建筑还有聊城山陕会馆、酒泉钟鼓楼、炳灵寺石窟、韩城司马迁祠、丰图义仓等，它们都是珍贵的历史遗产，背后蕴藏着丰富的文化故事，浸润着浓浓的黄河风情。

循着古人的足迹，来一场酣畅淋漓的黄河之旅，领略沿途黄河古建筑的迷人风采，定能让人大饱眼福。

惠民魏氏庄园

天水玉泉观

聊城山陕会馆

独具风情的黄河流域古建筑

黄河流域古建筑类型繁多，自成体系，独具风情，在中国乃至世界建筑史上留下了浓墨重彩的一笔。

木骨泥墙，结实耐用

黄河流域的古建筑普遍以木头、泥土等为原材料，并在长期的演变过程中逐渐形成独有的木梁柱结构。由穴居、半穴居发展而来的木骨泥墙式房屋是黄河流域古建筑的主要形式，这一类型的建筑有着"墙倒屋不塌"的特点，一般结实耐用。

对称布局，错落有致

黄河流域古建筑在布局上采用平面铺开的形式，一般呈对称分布，具有和谐统一的视觉效果。单体建筑以"间"为单位，多座大小不一的单体建筑以横纵轴线调配主次地位，整体上给人以层次分明、错落有致、简洁大方之感。

比如，乔家大院建筑群的布局就十分严谨，大院内的多座单体建筑对称布局，井然有序。

装饰精美，和谐美观

黄河流域古建筑装饰极其精美，且和谐美观。古人常利用建筑材料本身的颜色、质感、各部位建筑构件的形状，以及雕刻、绘画彩画等手法来装饰建筑，同时营造和谐美观的观感。

比如，坐落于山西省临汾市洪洞县的广胜寺飞虹塔的装饰异常精美，塔身饰有

布局对称的乔家大院建筑群

飞虹塔

黄、绿、蓝三彩琉璃，在阳光下五彩斑斓、耀眼夺目。塔身各层皆有琉璃出檐，三至十层各面设有佛龛、门洞等，第二层设有平座、琉璃勾栏和望柱，平座上有佛、菩萨等像，整体色彩绚丽，精致异常。

总体而言，黄河流域古建筑体系在发展过程中呈现出结实耐用、对称布局、装饰美观的风格特征，别具一番风情。

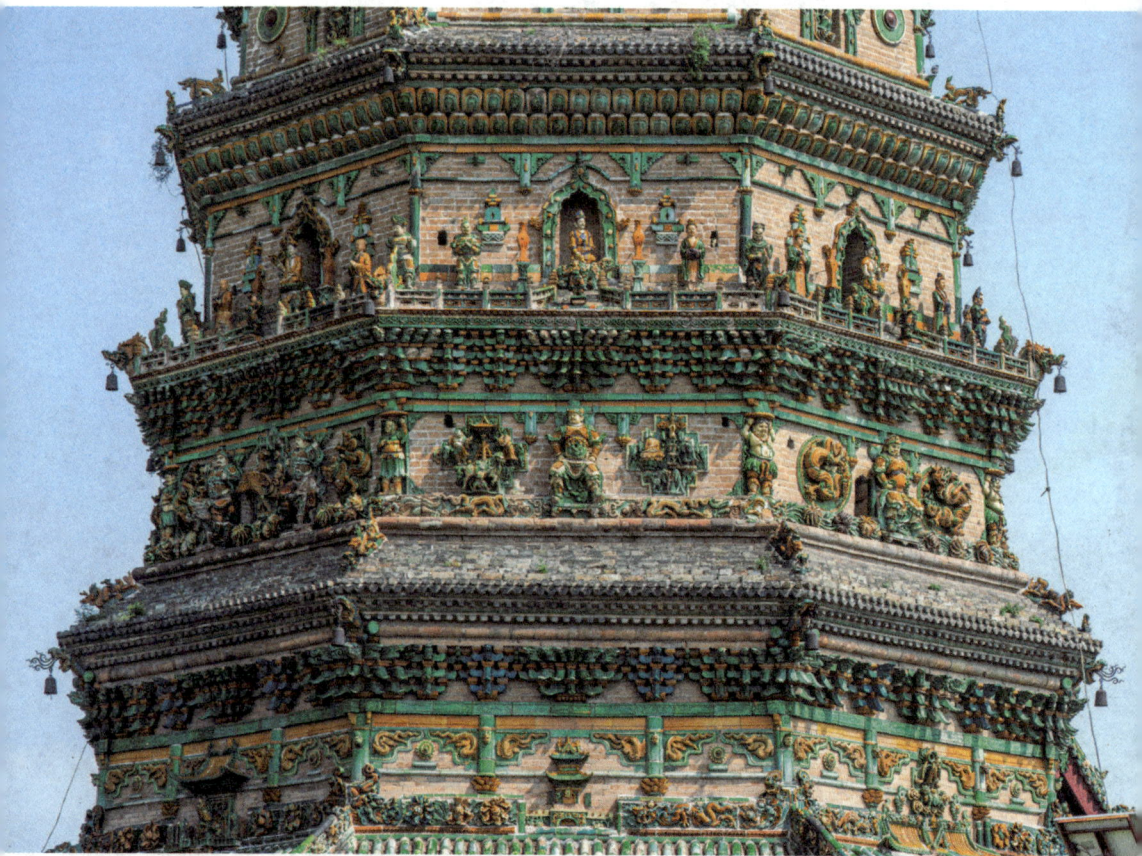

飞虹塔细节展示

黄河流域古建筑装饰讲究实用功能

　　黄河流域古建筑的装饰不仅讲究美观、和谐，还兼具实用功能。比如，黄河流域的古建筑在额枋、斗拱、檐檩等处常常饰以彩画，给人以雕梁画栋、富丽精雅的视觉观感。这些彩画不仅具有装饰功能，还具有保护木构建筑的作用。以岱庙天贶殿彩画为例，古代工匠在梁枋等处施以彩画，能有效防潮、防腐、防虫，延长梁枋等木构件的使用寿命。

黄河流域古建筑保护

　　黄河流域是中华文明的摇篮，黄河流域的古建筑在中国乃至世界文化遗产宝库中都占据着独特而重要的地位。

　　对黄河流域古建筑的保护，实际上就是对中国文化的源头与根基的保护，意义重大。

　　首先，做好黄河流域古建筑的保护工作，需要建立一系列的安全风险预警机制，所涉及的安全隐患包括天灾、火灾、人为破坏等。据此，推动地方对古建筑的自监、自管，落实古建筑损坏、建筑文物遗失的责任就显得尤为重要。

　　其次，相关部门需要定期检查古建筑各建筑构件的损坏情况，尤其是屋顶、房檐、墙面等部位，需要定期维护，发现损坏及时修缮。

　　最后，修复古建筑之前，要进行大量的调研工作，比如了解古建筑的原材料、建筑结构、建筑特性、建造背景等，并进行实地勘测，记录并分析相关数据，进而制定科学合理的修复方案，最大限度地传

保存较好的柳氏民居

承与保留古建筑原有的风貌和特色。

值得一提的是，还可以充分利用先进的科学技术，比如可以将三维激光扫描测量、虚拟现实等现代化技术手段运用到黄河流域古建筑保护和修缮工作中去，以确保黄河流域古建筑保护工作的科学性和高效性。

黄河流域的古建筑是优质的文旅资源，相关部门可在黄河流域古建筑景观开发与保护方面多下功夫，大力发展文化与旅游产业，这不仅能促进当地的经济发展，还能加深公众对于古建筑历史和文化价值的认识，从而增强公众对古建筑的保护意识。

简而言之，黄河流域古建筑的保护是一项长期而复杂的工作，任重而道远，需要我们共同努力。

第二章

巍峨藏古韵——黄河岸畔的宫殿建筑

黄河是中华民族的母亲河，黄河流域曾在相当长的时间内是夏、商、周、秦，以及唐、宋等多个朝代的政治和文化中心，而黄河岸畔巍峨壮丽的宫殿建筑，正是华夏璀璨文明所留下的历史印记。

中国古代宫殿建筑的"绝唱"
——未央宫

　　未央宫为西汉时期的皇宫，位于汉长安城（今陕西西安）安门大街之西的龙首原，居高临下、庄严无比。

　　未央宫始建于汉高祖七年（公元前 200 年），由汉初大臣萧何督建，是西汉历代皇帝的宫殿。汉之后，西晋、西魏、北周等朝代的当政者也曾在未央宫理政。隋唐时期，未央宫成为禁苑的一部分。而到唐朝末年，战火频起，最终未央宫毁于战火，消失于历史的长河中，成为我国古代早期宫殿建筑的"绝唱"。未央宫从建成到被毁，共存世约 1100 年。

　　未央宫占地面积约 5 平方千米，整体呈长方形，内有众多殿堂、楼阁与花园，规模庞大，建筑类型多样，代表性建筑有前殿、椒房殿、石渠阁、麒麟阁、柏梁台等。

　　在建筑格局上，未央宫形成了以前殿为中心、其他宫殿围绕四周

未央宫遗址

的布局，结构严谨、坐落有序，为后世皇宫的建造奠定了格局基础。

在环境营造上，未央宫内设假山、池塘等，形成了山水相映、婉约秀丽的景观。这表明在 2000 多年前，人们就已经有了宫殿造景的意识。而这种风格的建筑也成为历代建筑的典范。

未央宫不仅建筑形制影响深远，而且文化底蕴深厚。2000 多年前，张骞奉汉武帝之命，从未央宫出发，出使西域，开辟丝绸之路，未央宫成为丝绸之路的起点，东西方的贸易、思想、文化得以交流、传播。

宫殿建筑史上的巅峰之作
——大明宫

　　大明宫，又称"东内"，是唐朝时期的皇宫，位于唐长安城北侧的龙首原上，是唐长安城"三大内"（大明宫、太极宫、兴庆宫）中最大的一座宫殿，堪称宫殿建筑史上的巅峰之作。

　　大明宫始建于唐太宗贞观八年（634 年），初取名永安宫，次年更名为大明宫。建造大明宫时，司农少卿梁孝仁出任建筑总指挥，画家阎立本担任将作大匠。大明宫于唐高宗时期建成，作为唐朝皇帝理政的场所长达 240 余年。

　　晚唐时期，战乱频发，大明宫最终在战乱中被焚，除极少数大型砖石建筑外，大明宫的绝大多数建筑彻底消失在历史的长河中。

　　大明宫地处长安城北郭城外，占地面积约 3.2 平方千米，规模宏大。大明宫在布局上遵循"前朝后寝"形制，整体分为前朝和内庭两个部分，前朝为朝会的场所，内庭为居住和举办游宴的场所。主体建

大明宫遗址

筑沿着南北中轴线依次分布，从大明宫的正门丹凤门一路向北，依次有含元殿、宣政殿、紫宸殿、蓬莱殿、玄武殿等建筑，平衡对称，主次分明，体现了我国古代皇宫建筑的传统格局。

　　丹凤门为大明宫的正南门，其规格在隋唐各城门中堪居首位，城门上建有丹凤楼，巍峨气派。经专家考证，原大明宫丹凤门为五门道，被誉为"盛唐第一门"，彰显着皇家尊严。

丹凤门（仿古建筑）

　　含元殿、宣政殿、紫宸殿是大明宫内中轴线上的重要主体建筑，三座大殿自南向北依次排列。其中，含元殿为大朝正殿，是举办朝会、重大庆典、宴会的场所。据《旧唐书》等文献记载，含元殿是一座重檐建筑，四周设有围廊，其色彩鲜明，主要以红、白、金等颜色装饰，给人以雍容华贵的视觉观感。

　　宣政殿是皇帝临朝听政的场所。据考古数据，宣政殿阔 11 间，大约高 24 米、长 70 米，整体巍峨壮观。

　　紫宸殿为皇帝便殿，主要用于日常议事。紫宸殿阔 9 间，大约高 21 米、长 60 米，规模虽稍逊宣政殿，但同样气势恢宏。

　　含元殿、宣政殿、紫宸殿三座大殿的布局、建筑形制与功能为后世宫殿建筑提供了建筑模板。

　　政府后在原遗址上建成大明宫国家遗址公园。现存丹凤门建成于 2010 年，在一定程度上再现了唐丹凤门的宏伟风貌。

陕西版圆明园——兴庆宫

兴庆宫，又称"南内"，是唐玄宗李隆基登帝位之前的藩王府邸，位于陕西西安碑林区。

唐玄宗登基之后，对兴庆宫进行了扩建，自此兴庆宫位列当时长安城"三大内"之一。扩建之后的兴庆宫是唐玄宗处理朝政的场所，也是唐玄宗居住和赏玩的场所。

兴庆宫内曾建有兴庆殿、南熏殿、大同殿等宫殿建筑，另有亭台楼阁、花木池鱼，宫苑景色十分秀丽。有人猜测李白的"云想衣裳花想容，春风拂槛露华浓""解释春风无限恨，沉香亭北倚阑干"等《清平调》中的名句正是在兴庆宫参加宴饮时，结合宫苑美景即兴而作。

此外，在兴庆宫的诸多楼阁建筑中，花萼相辉楼最为引人注目。其位于兴庆宫西南角，建于宫墙之上，"横逦迤而十丈，上崚嶒而三休；仰接天汉，俯瞰皇州"（唐·王諲《花萼楼赋》），极为巍峨壮观。

兴庆宫公园

　　唐朝末年，战火不断，随着长安城的被毁，兴庆宫也被废弃。后经考古研究和政府支持，在兴庆宫遗址上建成兴庆宫公园，兴建了沉香亭、花萼相辉楼等建筑。这些建筑历史底蕴浓厚，与现代园林造景相辅相成，使兴庆宫公园成为西安市目前最大的城市公园，有"陕西版圆明园"的美誉。

兴庆宫公园花萼相辉楼（仿古建筑）

西北小故宫——永登鲁土司衙门

  鲁土司衙门位于甘肃省兰州市永登县城西南处，是一座极具民族特色的宫殿式古建筑群，有"西北小故宫"的美称。

  鲁土司衙门作为明清时期的地方管理机构，负责地方军事、司法等事务，为保境安民及民族团结作出了突出贡献。

  鲁土司衙门包括土司衙门、妙因寺、土司花园三大部分，在建筑布局上遵循坐北朝南、居中对称、前堂后寝等形制。其中路为衙署区、东路为住宅区、西路为妙因寺，花园位于东北角。主体建筑按照南北方向依次排列，同时院落与建筑依次抬高，院门和主体建筑的门呈一条南北贯通的直线。东西两侧分布有寝宫、书房、家寺等建筑，院落错落相连。整体对称严谨，等级森严。

  鲁土司衙门建筑群风格多样，装饰精美。比如，妙因寺大经堂采用汉式重檐歇山顶，平面则呈"回"字形，布局独特，整体既显现出浓浓的甘青地区建筑风格，亦带有宋元建筑遗风。妙因寺各殿堂的墙壁、天花板等处都饰以色泽鲜艳的图案。其山门内的山墙上绘制着大幅壁画，以古代丝绸之路为主题，画中人物形象鲜明，细节生动，美轮美奂。

鲁土司衙门不仅建筑宏伟，而且周围的自然景观与建筑相映成趣，人造景致和谐优美，建筑群依山傍水，郁郁葱葱的花草树木簇拥着建筑物，环境异常清幽。

鲁土司名称的由来

土司为元明清时期的少数民族首领的官职，可以世袭。

鲁土司的始祖脱欢，在明初时被封为一世土司，成为受朝廷承认的地方势力，受命治理连城。明永乐年间，脱欢的孙子失伽因在巩固边陲的过程中多次立下战功，被赐姓鲁，世称鲁土司。

鲁土司世袭 19 世，治理永登地区 500 余年，鲁土司衙门则是世代鲁土司办公和居住的场所。

与故宫太和殿齐名的古宫殿
——泰安天贶殿

天贶殿位于山东省泰安市岱庙仁安门的北侧，是岱庙的主体建筑。"天贶"取"天赐"之意，天贶殿主祀东岳大帝（泰山神），始建于北宋，有着极高的历史文化价值和艺术价值。

在历史的进程中，天贶殿屡遭损坏，并多次被修缮，现在的天贶殿呈现出的是清乾隆年间重修后的风貌。

天贶殿的建筑等级为岱庙之最，其位于岱庙中轴线的中后方，大殿周围设有环廊，殿前、殿后分别为仁安门和寝宫，整体布局严谨、层次分明。

天贶殿为重檐庑殿屋顶建筑，上覆黄色琉璃瓦，殿阔九间，进深五间，大殿的两重檐间悬挂有书写着"宋天贶殿"的匾额，檐下有雕梁彩绘、大红明柱。殿内正中供奉泰山神神龛，上方设有方形藻井。

另外，殿内还饰有宋代的《泰山神启跸回銮图》彩绘壁画。这幅壁画长 62 米，高约 3 米，堪称道教壁画精品。其以东岳大帝出巡为主题，场景宏大，布局精巧，画中人物多达 600 余个，无不画工精细、栩栩如生，令人啧啧称奇。殿外周围有贴金绘垣、御碑亭，整个建筑气势磅礴，富丽堂皇。

泰安岱庙天贶殿与北京故宫太和殿、曲阜孔庙大成殿齐名，三者并称"中国古代三大宫殿"。

泰安岱庙天贶殿

第二章　朴拙似天成——黄河岸畔的民居建筑

黄河岸畔的古民居建筑数不胜数，而且风采各异，比如号称"陇上第一豪宅"的天水胡氏民居、被誉为"北方民居建筑史上的璀璨明珠"的祁县乔家大院，以及有着"华夏民居第一宅"之美誉的灵石王家大院等，这些民居古建筑以其独特的建筑风格、建筑美学及高超的营建智慧，在中国建筑史上占据着重要的地位，令人叹为观止。

罕见的"陇上第一豪宅"
——天水胡氏民居

　　天水胡氏民居位于甘肃省天水市，是我国现存的明代民居建筑的杰出代表，有着"陇上第一豪宅"的美誉。

　　胡氏民居由南北两处隔街相望的古宅组成，它们风采不一，各具特色。

南宅子：布局严谨，古色古香

　　南宅子坐南朝北，始建于明代，是明朝官员胡来缙的私人住宅，此后胡家世代居住于此。

　　南宅子由天井、两进四合院、东侧书院等组成，占地约 5000 平方米。其大门位于院落的东北角，门上方悬挂明代榜书，上题"副宪第"三个大字，门内设天井、青砖影壁。

前院为四合院形式，正厅坐南朝北，面阔五间，东西两侧各设厢房，为清代续建。其中，东厢房面阔三间，大多采用槅扇门、支摘窗，屋面覆盖筒板瓦。西厢房亦面阔三间，整体装饰与东厢房相似。

经前院东南角过门可进入书院。书院为清代建筑，包括正厅、佛堂等。院内种有竹、梅等植物，无比雅致、清幽。

书院南边为仆院，从仆院大门可通过通道进入后院。后院亦设有正房和东、西二厢房。其中，正房面阔三间，为明代建筑，东、西厢房为现代改建。

南宅子布局严谨、主次有别，古色古香、韵味十足。

天水胡氏民居南宅子院落

天水胡氏民居南宅子建筑韵味十足

北宅子：宏伟大气，装饰朴素

北宅子的主人是胡来缙的次子胡忻。相比南宅子，北宅子单体建筑数量更多，规模更加宏大。其原先的建筑布局呈正方形，有三进主院，主院两侧分布着大大小小的院落。如今，只有主院前院的正厅，中院厅楼，东、西厢房等建筑留存下来，供后人瞻仰北宅子初建时的风采。

北宅子整体的装饰风格较为朴素。前院正厅面阔五间，为单檐硬山顶，筒瓦屋面。檐柱上未设平板枋，梁头直接搭在柱头上，既加强了稳定性，又给人以和谐的视觉感受。

中院厅楼可能建于明万历年间，其面阔五间，是二层楼阁式硬山建筑。上层檐柱间镶嵌雕花阑干，其上刻有牡丹、荷花等植物图案，给人淡雅、精致之感。

简而言之，天水胡氏民居有着独特的建筑美学和极高的艺术鉴赏价值，是珍贵的历史文化遗产之一。

天水胡氏民居北宅子院落

陕西古民居的典型代表
——韩城党家村

党家村位于历史文化名城韩城市的西庄镇，与城区相距 9 千米，东临黄河，因村中以党、贾姓氏为主而得名。党家村是数百户民居集体营造而成的自然村落，包含四合院、祠堂、哨楼、庙宇等大量民居建筑，被誉为"东方人类古代传统文明居住村寨的活化石"。

党家村始建于元代，距今已有 600 余年历史。凭借着农商并重，经济发达，党家村以一村之规模孕育出丰厚的历史文化底蕴，这让党家村民居建筑有别于其他民居建筑。

党家村村落南北较长，东西较窄，整体布局因地势水流而成，有抵御外敌入侵的作用。

四合院是党家村建筑的主要组成部分，有 120 余座。党家村四合院占地较小，中间的院落也比较狭窄，四合院由厅房、左右厢房和门房围成，中置天井。厅房坐北朝南，主要用于供奉祖先及会客宴请，厢房和门房用于起居。

党家村四合院的院门有墙门和走马门楼两类。其中，墙门比较窄小，数量较少。而走马门楼高大气派，数量较多，是民居四合院的脸面。走马门楼集建筑、雕刻、美术、书法等诸多工艺元素于一身，异常精美。比如，走马门楼两侧通常挂有对联，门楼上方常常施以砖雕、藻绘，门楣上则悬挂门匾，门匾上的文字大多由名家题写，能彰显主人家的地位和追求。

除民居外，党家村还有牌坊、寨堡、砖塔等建筑，与当地民生、文化息息相关。

党家村文化自明清时期兴起，以儒家文化为主，民居门前的对联、牌匾上，尽是儒家文化的内容，展现了当地的儒商文化特色。

韩城党家村古宅

党家村节孝碑

中国儒商第一家
——榆次常家庄园

　　常家庄园又称常家大院，位于山西省晋中市榆次区东阳镇车辋村，是被尊为"儒商世家"的常氏家族所建的宅院建筑群。常家庄园始建于乾嘉年间，是具有清代风格的传统民居建筑典型。

　　常家靠制茶起家，代代积累，终成晋商之首，家族资产堪称山西之最。常家凭借儒商风范声名远扬，常家庄园因此而享有"中国儒商第一家"的美誉。常家庄园是典型的城堡式建筑，占地广大，有60万平方米，房屋4000余间，楼房50余座，园林13个，堪称三晋民居建筑之首。庄园外部建有高耸厚实、足以与城门及城墙相媲美的堡门、堡墙，堡墙外甚至还设有护城河，十分壮观。

　　1947年，常家庄园部分毁于战火，后经过修复，开放部分不足原规模的1/4，虽然原来的"常家二条街"只剩下如今的"半条街"了，但规模依旧是中国之最。其中宅院占地4万平方米，园林面积8

万平方米。

常家庄园的现存建筑中，规模最大的是贵和堂。贵和堂宅院位于后街西北，其房屋众多，由正院、偏院、后院等组成。正院内分布着五开间倒座南楼、正厅和东西厢房。其中，东西厢房室内陈设考究，古色古香；门窗皆饰有各种图案的砖雕，古朴雅致；屋顶采用线条流畅的单坡硬山顶，令人赏心悦目，同时这种屋顶形制亦能提高院落的安全性。

常家庄园

另外，贵和堂宅院内的砖雕、石雕等保存完好，颇具美感。比如，贵和堂宅院内的贴金方篆格言影壁规模庞大，雕工细腻，令人过目难忘，是不可多得的艺术珍品。

静园本是常家庄园的主体园林，可惜已损毁。后来，中国当代著名古建园林专家在原静园的基础上，依据原貌进行修复整合，最终打造出以静园为主体、占地8万余平方米的园林。

静园风格以野趣为主，因常家生意往来于南北，所以在园林设计

贵和堂宅院内的贴金方篆格言影壁

常家庄园静园风光

上糅合了南派与北派的园林特点，兼具灵秀与质朴、精巧与豪放。

常家庄园曾有南北两座祠堂，现仅存的北祠堂位于庄园后街东北侧。祠堂院宽 25 米，进深超百米，整座祠堂建筑结构保存完整，有三门四进，是中国北方现存规模最大的祠堂建筑群。

值得一提的是，矗立在祠堂对面的八字照壁造型独特，有着极高的艺术价值。其壁身中间刻有 200 多个寿字，两边砖墙呈八字形，如大雁张开的翅膀，上面各刻有一鹿一鹤，整体雕工洗练，庄重典雅。

常家庄园是古代民居建筑技术和艺术的集大成者，院落中的雕刻、彩绘等艺术元素，体现了昔日晋中豪门耕读、修身、养性的生活追求。

常氏宗祠

"百寿图"八字照壁

北方民居建筑史上的璀璨明珠
——祁县乔家大院

乔家大院位于山西省祁县乔家堡村，是规模宏大、气势宏伟的建筑群，堪称北方民居建筑史上的璀璨明珠，在中国古建筑史上具有独特的地位。

乔家大院独特的布局

乔家大院为全封闭城堡式建筑群，建筑面积 4000 多平方米，共有大院 6 个，小院 20 个，房屋 300 余间。每座单体建筑都给人以精致宏伟之感，将古代建筑工匠的智慧展现得淋漓尽致。

乔家大院整体布局呈独特的"囍"字形。进入大门，映入眼帘的

乔家大院院落

是一条长而笔直的甬道，其将 6 个大院分为对称的南北两排，甬道尽头处是乔家祠堂。大院内有主楼、门楼、更楼等单体建筑，大多雕梁画栋，精工细作。院落房顶由方砖铺设，皆设有走道，以相互连通，院落外围则设有高大的封闭式的砖墙。

乔家大院的雕饰艺术

乔家大院内部遍布雕刻，最典型的有砖雕、石雕、木雕，无不精美异常，具有独特的艺术价值和文化内涵。

砖雕

　　最能体现乔家大院砖雕艺术水平的莫过于遍布全院的十几块砖雕照壁，它们运用浮雕、透雕、堆塑等各种雕饰手法，雕工精湛，别具特色。

　　比如，乔家大院"百寿图"照壁为靠山砖雕照壁，照壁顶端正中设有圆雕宝珠，两侧雕有草龙，形成二龙戏珠图案，给人生动、鲜活之感。顶端檐下挂有一匾，上书"履和"二字，表现了宅院主人对中和之道的追求。照壁壁心的砖雕是100个由名家书写的"寿"字，字迹古朴，韵味十足。照壁两侧刻有篆体对联，照壁下方则设有砖筑"须弥"式底座。整个照壁砖雕技法精湛，整体风格古朴雅致，具有

"百寿图"砖雕照壁

极高的艺术鉴赏价值。

除了"百寿图"砖雕照壁，乔家大院内的其他砖雕照壁也都有着精湛的技艺，皆是不可多得的艺术珍品。

另外，乔家大院院落房顶上的烟囱，也是乔家大院内重要的砖雕构件。这些烟囱造型各异，既具有实用性，又兼具装饰性，为乔家大院增添了一抹别样风情。

石雕

乔家大院的石雕多见于柱础、门墩、照壁等处。其题材广泛，有展现历史、神话或戏曲故事的，有以狮子、仙鹤等异兽珍禽及牡丹、莲花、菊花、梅花等花卉植物组成的各种吉祥图案，也有以琴棋书画为题材的，堪称各具风采。

比如，乔家大院门前台阶柱础上的石雕狮子造型生动，表情夸张，给人以憨态可掬之感，别具趣味。

木雕

乔家大院内精美的木雕工艺品十分引人注目，一般分布在屋檐、梁枋、斗拱、门楼、窗扇等处，主要有人物、动植物、几何图形及文字等不同类型的图案，大多雕工精湛入微，美轮美奂。

在乔家大院的众多木雕作品中，"会芳"牌匾十分引人注目。其由一块质量上乘的核桃木雕刻而成，整体呈荷叶状，荷叶边缘向内卷

乔家大院砖雕照壁（一）

福德祠

乔家大院砖雕照壁（二）

乔家大院砖雕照壁（三）

乔家大院房顶上的烟囱

乔家大院的石雕狮子

乔家大院的木雕雀替

乔家大院门楼上的木雕

曲，包裹着荷叶中心的"会芳"两个大字，既精致雅观，又彰显出不凡的气度，堪称巧夺天工。

　　乔家大院的砖雕、石雕、木雕浑然一体，精致不失壮观，典雅不失庄重，既体现了中国工匠的精湛手艺，又体现了古人的审美和品位，更重要的是，其蕴含着古人治家经商、待人接物的处世哲学及智慧。可以说，乔家大院的雕饰既是技艺的展现，也是智慧的表达。

巧夺天工的会芳牌匾

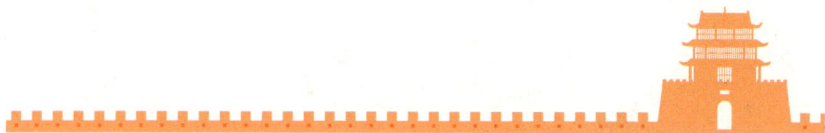

清代晋商乔致庸与乔家大院

乔家大院的历史可以追溯到清乾隆年间。乔致庸的父亲乔全美曾在十字口东北角置地建房，所建房屋成为乔家大院最早的院落。

乔致庸当家后，一方面严于治家，保证家族内部平安顺遂；另一方面采用"人弃我取，薄利广销，维护信誉，不弄虚伪"的经商之道，执掌家业，扩展家族生意，以"信"为首重、"义"次之、"利"更次之的经商原则告诫子孙后代。在乔致庸的影响下，乔家资本愈见雄厚。为光大门庭，他在老院以西购置土地，建造了一座楼院，与老宅隔街对峙，又在两楼隔街对望处建造两座四合斗院，最终形成四院呈十字划分而列的格局。这便为后来连成一体的城堡式格局奠定了基础。

华夏民居第一宅
——灵石王家大院

　　王家大院位于山西省灵石县静升镇，是静升镇王氏家族的家宅。王家大院始建于明朝，直到清嘉庆年间才得以建成，共耗时300余年，其占地面积达25万平方米，整体气势恢宏，堪称"华夏民居第一宅"。

王家大院的整体布局

　　王家大院坐落于黄土高原上，是一座封闭式的高大坚固的城堡建筑，建筑风格明丽典雅、大气庄重，与周围的自然环境相得益彰。

　　王家大院遵循着"前堂后寝"的建筑格局，既能彰显门第威严，保证隐私性，又契合中国传统的宗法礼制。

大院内分布着120多座院落，远远望去，十分壮观。这些院落都是三进式四合院，每个院落皆由一条中轴线将房屋分列左右，前低后高，主次有别，院墙角落建有瞭望亭，体现了古人的建筑智慧。

若从空中俯瞰，会发现大院被天然形成的冲沟分为东西两处建筑群，并各设城门，像两座气势威严的小城堡，中间则以一座石桥相连。位于东边的建筑群称为东堡院，又名高家崖；位于西边的建筑群称为西堡院，又叫红门堡。

王家大院

王家大院内部建筑

连接东堡院和西堡院的石桥

东堡院建筑群修建于清嘉庆年间，由王氏 17 世孙王汝聪、王汝成兄弟俩主持修建，其共有院落 35 座，包括祭祖堂、绣楼、书院、花院、厨院、家塾院、长工院等，院落最外围建有高大坚固的堡墙。

西堡院建筑群建于清乾隆年间，共有院落 88 座，它们从低到高分列成四排。院落间分布着一条竖巷（即主巷道）和三条横巷，远远望去，像一个"王"字。

王家大院的雕饰艺术

砖雕

王家大院的砖雕分布在屋脊、照壁等处，综合运用浮雕、透雕、圆雕等雕刻技艺，雕工精湛，融观赏性、艺术性于一体。

王家大院的砖雕数量庞大、题材丰富，包括人物题材、动植物题材、汉字题材等，无不精工细作。

王家大院的屋脊砖雕大多以龙形吻兽为题材，搭配不同的雕花图案，精美绝伦。

王家大院的五福临门砖雕照壁图案精美，技艺娴熟，照壁中五只蝙蝠张开双翅，围绕着中心一个"寿"字，构图独特，极具空间动感，令人过目难忘。

　　王家大院东堡院敦厚宅门前建有一座大型砖雕影壁，其采用"狮子滚绣球"图案，只见照壁中两只狮子踩着绣球正在嬉闹，上方一只小狮子兴致勃勃，憨态可掬，三只狮子围成一个圆形，寄寓着宅院主人对吉祥、圆满生活的追求。

　　王家大院的仙鹤砖雕影壁雕琢精美，影壁中心的仙鹤张开双翅，细长的双腿呈并立、弯曲状，身体线条流畅，细节处刻画逼真，极具艺术观赏性。

王家大院的屋脊砖雕

王家大院的"五福（蝠）捧寿"砖雕照壁

王家大院东堡院敦厚宅门前的"狮子滚绣球"砖雕影壁

王家大院的仙鹤砖雕影壁

石雕

　　王家大院的石雕多见于柱础石、门枕石、抱鼓石、台阶、栏杆等处。这些石雕主要采用圆雕、浅浮雕等手法，造型丰富多变、立体感强，整体呈现出精美大气的特色。同时，王家大院内的很多石雕工艺品具有较强的写实性，洋溢着浓浓的民间艺术气息。

　　另外，王家大院内随处可见石狮雕刻，其形象生动，造型各异，雕刻技法呈现出典型的北方特色，粗犷、大气中又不乏细腻。

王家大院门前抱鼓石上的石雕

王家大院柱础石上的石雕

王家大院内造型各异的石狮

木雕

王家大院的木雕主要分布在斗拱、雀替、门楣、窗棂等处，造型精美，雕工精细，布局巧妙，繁而不乱。有的木雕工艺品上还饰以彩绘，彩绘衬托得主体建筑越发富丽、大气。

比如，王家大院中的斗拱大多采用圆雕技法，极富立体感；雕刻题材丰富，常见的有花鸟鱼虫、山石水舟等，变化无穷，令人啧啧称叹。院落木雕门窗选材考究，有杉木、柏木、椴木、樟木等；雕刻手法多样，包括浅雕、镂空雕刻等，浅雕给人以平滑细腻之感，衬托得装饰画面更丰富、灵动，镂空雕刻使装饰画面显得更精致美观，同时又能增加透光性。

整体而言，王家大院内的木雕工艺品风格多样，工艺复杂，体现了古代民间木雕技艺的最高水准，将木雕艺术的魅力展现得淋漓尽致。

王家大院乐善堂精美的木雕帘架

王家大院院落窗棂上的彩绘木雕

王家大院雀替上的木雕

中国古民居建筑艺术绝品
——沁水柳氏民居

柳氏民居位于山西省晋城市沁水县，是唐代柳宗元后人的故居。柳氏民居为明清城堡式建筑群，特色鲜明，被誉为"中国古民居建筑艺术绝品"。

明朝时期，柳氏后人兴建柳氏民居，并不断扩建，到清朝时期，柳氏后人重修祠堂、文昌阁、关帝庙，新建魁星阁、真武阁等建筑，使柳氏民居越来越壮观。之后经历了战火岁月，柳氏民居在修葺、增建时突出了建筑防御功能，形成一个坚固的城堡式建筑群，规模宏大，形制多样。

柳氏民居的布局十分讲究，其依山而建，坐北朝南，占地面积4000多平方米，有房屋100多间，院落被村中东西走向的街道一分为二，南北两侧各有两院。院落均为封闭式的四合院，结构严谨、布局规整，院门上皆题有院名。

柳氏民居

除了布局考究，柳氏民居的装饰也异常精美。各院落主体建筑的门窗、栏杆、飞檐、梁枋、斗拱等处，布满各类内容丰富、寓意吉祥的雕刻、彩绘等装饰，精美异常。民居内另悬挂有多个御赐匾额，这些匾额极具历史文化研究价值。

柳氏民居还具有独特的艺术魅力。其中保存有大量的文人碑刻，如理学家朱熹、心学宗师王阳明、江南才子文徵明等书画大家的碑刻真迹，另有家训、祭祖、皇旨等碑石。这些宝贵的历史珍宝彰显了柳氏作为书香门第的浓郁家风和文风。

柳氏民居集建筑、文化、艺术价值于一体，散发着迷人的魅力，是我国古代民居建筑中的珍品。

柳氏民居院落

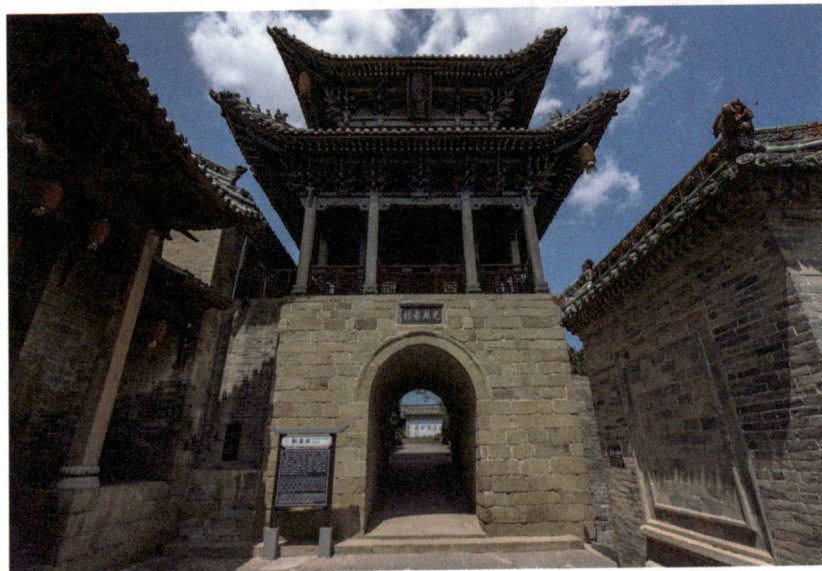

柳氏民居魁星阁

北方城堡式民居建筑的杰作
——惠民魏氏庄园

惠民魏氏庄园位于山东省滨州市惠民县，南倚黄河，是清代官员魏肇庆的私人宅第，也是中国三大庄园[①]之一。

魏氏庄园始建于清光绪十六年（1890年），初称"树德堂"，后改称"地主庄园""魏氏庄园"。由于建造之时社会环境较为动荡，庄园整体建筑融合了四合院布局与城堡的军事防御功能，形成了城堡式建筑群。

魏氏庄园平面呈"工"字形，包括住宅、祠堂、广场等区域，共有256间房屋，占地面积3万余平方米。整座建筑设计巧妙，日常可满足居住需求，战时可进行攻防。

魏氏庄园的外围是一圈高10米的城垣，城垣之上设有可供一人

---

① 惠民魏氏庄园、烟台牟氏庄园、四川大邑刘文彩地主庄园。

通过的跑道，同时设有垛口、壁龛式射击掩体和碉堡。碉堡分上、中、下三层，各层之间设有传话孔。

魏氏庄园的住宅坐北朝南，院落沿南北纵轴分布排列，布局严谨规整。院落与房屋之间形成了院院相通、屋屋相连的布局，院落之间设有通道，房屋之间设有暗道，房屋内部还设有逃生地道。城垣与院落之间有数米宽的区域，北大厅东西墙壁外侧设有吊桥，吊桥放下后可连接城垣与内宅。

城堡内部还有粮仓、储藏煤炭的地下储藏室，形成了一个四通八达、自给自足、可守可攻的坚固堡垒。

俯瞰魏氏庄园

魏氏庄园城门与碉堡

魏氏庄园院落

中国民居史上的"活化石"
——三门峡地坑院

地坑院,又称"天井院",是一种地下四合院。三门峡地坑院位于河南省三门峡市陕州区,保留着挖地穴居的原始风貌,堪称中国民居史上的"活化石"。

三门峡地坑院建于地平面以下,其建筑方式是从上向下挖掘成坑,再从外向里在地坑的四壁上凿挖出可供居住的窑洞。各家的地坑院大小不一,建筑平面呈正方形或长方形,边长10余米,深6米~7米。地坑院的院落一角设有斜向通道,可以通向地面。人站在地面远望,只能看到地面上的树木,却难以发现位于地下的地坑院。"见树不见村""闻声不见人"正是三门峡地坑院的真实写照。

三门峡地坑院古朴坚固、冬暖夏凉,充分体现了劳动人民的伟大创造智慧。

三门峡地坑院

近观三门峡地坑院

独具特色的庄廓院
——青海土族民居

　　庄廓，为青海方言，意为"村庄"。庄廓院是青海地区土族人民居住的具有地方和民族特色的民居，其建筑结实坚固、古朴整洁，不仅有着悠久的历史，还具备较强的防御功能。

　　青海土族庄廓院坐北朝南，建筑平面呈方形。院墙墙体厚实，高约 5 米，不易翻越；大门为单扇门，门后有类似城门的门闩，难以被破坏。

　　庄廓院内通常建造三面或四面房屋，形成一个封闭的四合院。院内房屋的屋顶平坦宽阔，可供人在上面自由活动。屋顶上设有门楼，既可瞭望敌情，也可用以供奉佛像。院落中间区域为绿化区和休闲区。一些大户人家的庄廓院还设有一进两院或三院的布局，庄廓院外还有水渠环绕，起着美化环境和护城河的作用。

第四章 —— 城垣守岁月 —— 黄河岸畔的城防建筑

西安城墙、平遥城墙、嘉峪关、函谷关、宁夏明长城等城防建筑，是矗立在黄河流域的伟大工程。它们历经无数战火洗礼，却依然傲然屹立，守护着城内的百姓，让百姓得以安居乐业、岁月静好。

中国城垣建筑典范
——西安城墙

西安城墙，广义上是指唐城墙和明城墙，狭义上则特指明城墙。如今人们常说的西安城墙多指狭义上的明城墙，位于陕西省西安市的市中心。

西安明城墙始建于明洪武三年（1370年），初建时为黄土夯筑。明隆庆年间，西安城墙外壁包砌青砖，明清时期曾多次修葺、增建。作为西安城的重要城防建筑，西安明城墙至今保存相对完好。

西安明城墙平面呈长方形，周长为13.74千米，城墙高12米；其断面呈梯形，下宽上窄。沿着城墙，设有登城马道、墩台、角楼等建筑。

在西安城墙的东、南、西、北四个方向分别设有城门，即长乐门、永宁门、安定门和安远门。城门上建有城楼，每座城楼由闸楼、箭楼、正楼三重组成，三楼并列，高大雄阔，气势磅礴。目前，四座

西安明城墙与角楼

城门中现存三座城楼的箭楼，其中南门箭楼为三滴水歇山顶建筑，面阔十一间，进深两间六椽，规模较大。箭楼外侧采用砖砌，中间开设箭窗，整体高大而坚固，威严无比。

城门外建有瓮城，城墙外还有护城河环绕。整个西安明城墙规模宏大，布局合理巧妙，四面联通，相互呼应，形成了完善的城墙防御体系，是我国古代城垣建筑的典范。

安定门城墙及敌楼

坚固壮观的古建筑珍宝
——平遥城墙

平遥城墙位于山西省平遥古城的外围，是平遥古城的坚固防御建筑。

平遥城墙始建于西周宣王时期，早期为夯土城垣。明洪武年间，城墙得到了大规模加固和重筑，在夯土外加砌表砖，清朝时期也曾多次修葺。

平遥城墙的建筑平面呈方形，周长 6.4 千米，高约 12 米，平均宽 5 米，高大坚固。为满足防御需求，平遥城墙的四周筑有不同辅助防御建筑，例如每隔 5 米筑敌台，每隔约 50 米筑墩台（俗称马面），城墙的四角建角楼，东南角建奎星楼等。这些辅助防御建筑可以起到登高瞭望敌情、互通信息、指挥作战的重要作用。

平遥城墙共设有 6 座城门，每座城门上方都设有门额。其中，南北各 1 座城门，当地人分别称之为南门和北门。南门是平遥城墙的主门，门额为"迎薰"；北门门额为"拱极"。
东西方向共4座城门，分别为上东门、下东
门、上西门、下西门。其中，上东门门额为
"太和"，下东门门额为"亲翰"，上西门门
额为"永定"，下西门门额为"凤仪"。这些
门额名称都寄托着美好的寓意。

俯瞰城门与城墙，平遥古城形似一只乌
龟。南门像龟首，南门城外的两眼井便是龟
眼；北门似龟尾，其余四座城门则像是乌龟
的四肢，形象鲜活生动。

城门的外侧建有瓮城，若敌人攻入瓮
城，主城门可成为第二道防御屏障，进一步
增强了城池的防御能力。

平遥城墙不仅防御设施齐备、功能强
大，还具有丰富的文化内涵。例如，在平遥
城墙的东侧建有一座砖砌高台，即点将台，
相传为周朝大将尹吉甫屯兵平遥时点将练武
的地方。又如，在平遥城墙上，共筑有垛口
三千个，敌楼七十二座（现已残破不齐），
象征孔子的三千弟子及七十二贤人。

平遥城墙集防御功能和历史文化价值于
一身，是不可多得的古建筑珍宝。

俯瞰平遥城墙

近观平遥城墙

天下第一雄关
——甘肃嘉峪关

嘉峪关坐落在甘肃省嘉峪关市以西的山谷中，横卧在广阔的沙漠戈壁之上，守望西部边陲。它壮丽雄伟、坚固结实，被誉为"天下第一雄关"。

嘉峪关始建于明洪武五年 (1372 年)，是明长城西端最雄险的关隘。它与长城相连，形成了包含关城、长城、烽燧、墩台等多种防御建筑的综合性军事防御体系。

整个嘉峪关关城由内城、外城、城壕构成，黄土夯筑的城墙高约10 米，部分墙段外侧包砖。内城的东、西两个方向分别设有光化门和柔远门；外城的西城门为嘉峪关门，出嘉峪关门后可直通关外。嘉峪关关城的三座主要城门之上均建有城楼，分别为光化楼、柔远楼和嘉峪关楼，三座城楼位于一条直线上。

嘉峪关楼建于明弘治年间，光化楼、柔远楼则建于明正德年间。

嘉峪关关城

这三座城楼的高度、结构均相同，都采用三层三檐歇山顶，远远望去十分壮观。三座城楼的台基较高、屋檐宽大，第一层采用砖木结构，第二层和第三层采用木质结构，内部遍布圆柱，梁架精巧，充分展现了古代工匠的智慧和高超的建筑技艺。

除城楼外，嘉峪关关城的城墙上还建有箭楼、敌楼、角楼、闸门楼等不同功能的建筑。关城的地面建筑包括游击将军府、文昌阁、关帝庙、戏楼等，构成了布局严谨、气势恢宏的城防建筑群。

嘉峪关楼

三晋之屏藩
——偏关县偏头关

    偏头关位于山西省忻州市偏关县，地处晋、陕、蒙三省区交界处，傲立于黄河岸边，因东仰西伏呈偏头之势而得名，是"三晋之屏藩"，历来为兵家必争之地。

    偏头关始建于明洪武年间，在明清时期多次修缮。关城形状不规则，城墙高 10 米有余，宽近 7 米，下宽上窄，多为夯土砌筑，部分包砌表砖，极为坚固。关城城门外建有高大的瓮城，进一步增强了防御功能。

    整座关城地势较高，可俯瞰黄河。虽因年代久远遭到严重损坏，但仍不失雄壮气势。古人曾这样评价偏头关："雄关鼎宁雁，山连紫塞长，地控黄河北，金城巩晋强。"由此可见其当年的雄伟风姿。

    偏头关关城及周围长城防御建筑因地制宜，在军事交通要道砌筑高墙，于山峦陡峭处修筑烽火台，充分利用黄河天险，构成了科学严谨、防备严密的军事防御体系。

"外三关"与"内三关"

　　万里长城逶迤起伏，古人沿着长城，在军事重地必建城关。在山西和河北境内，由此形成了著名的"外三关"与"内三关"。

　　在山西省，有三座气势宏伟的城关呈一线排开，分别是雁门关、宁武关和偏头关。此三关是北方游牧民族南下的必经关隘，并称为"外三关"。

　　在河北省与北京市的崇山峻岭之间，有三座位于交通要道的雄关，即倒马关、紫荆关和居庸关。此三关连通太行山内外，是京畿的屏障，并称为"内三关"。

八百里秦川的守卫者
——灵宝函谷关

    函谷关位于河南省三门峡市灵宝市内的黄河岸边，坐落在山谷之中，因地形深险如函，故称函谷关。函谷关地势险要，固若金汤，是八百里秦川的守卫者。

    函谷关历来都是重要的交通枢纽和军事要塞。它的建立可追溯至战国时期，秦惠文王从楚国取得崤函之地后设函谷关，并在此成功抵御六国合纵攻秦。楚汉争霸时期，刘邦驻守函谷关击退项羽。唐朝安史之乱期间，唐军与叛军的灵宝之战也发生在函谷关。作为军事重地，函谷关见证了历史的兴衰。此外，老子与函谷关也有着不解之缘，民间传说老子隐居函谷关期间，写下了《道德经》。

    历史上的函谷关曾有三座，分别是秦函谷关、汉函谷关、魏函谷关，但如今这三处旧址都已不复存在。如今的函谷关城防建筑是 20 世纪 90 年代灵宝市政府所建的复古建筑。其有两座城门，南北均建

函谷关

有城墙角楼，楼高三层，古朴庄重。函谷关东面广场正中立有老子骑青牛塑像，刻画精细，形神兼备，极为壮观。函谷关西面不远处有一土台，台上立着一座亭子，当地人称之为"鸡鸣台"。函谷关南面殿宇林立，为道教的太初圣宫，用以纪念老子。

　　整体而言，如今的函谷关建筑群在一定程度上还原了古函谷关的建筑风貌。

古代城防建筑奇迹
——宁夏明长城

宁夏回族自治区自古以来就是西北边陲重地，这里有从战国到明清不同时期修建的长城 1500 余千米，长城遗迹数量之多、类型之全，实为罕见，也使得宁夏有了"长城博物馆"的美誉。

在宁夏长城遗迹中，明长城保存较为完整，这些长城遗迹包括夯土城墙、石砌城墙，以及关城、烽燧等防御建筑。它们静卧在黄河岸畔，与边关将士一起抵御塞外的敌军和岁月的风沙，构成一道坚固的城防屏障，堪称我国古代城防建筑的奇迹。

宁夏明长城城墙、关城遗迹广泛分布于宁夏吴忠市盐池县、银川市永宁县、中卫市等地。

宁夏吴忠市盐池县的长城关，是明长城中唯一以"长城"命名的关隘，初建于明嘉靖十年（1531 年）。长城关周围地势开阔，关楼高耸，如同大漠中威武站立的卫士。可惜的是，原关城建筑已毁，仅存土筑墩台，现在的长城关建筑为现代仿古建筑。

宁夏银川市永宁县三关口明长城位于宁夏与内蒙古的交界处，其随山脉走势曲折分布，由东向西分别设三道关隘。头道关为主关，长城主体从头道关北侧山上蜿蜒而下，经头道关向南延伸，墙体由夯土筑成，较为坚固。第二道关口南侧有一座山头，山头上建有墩台，高大雄浑，与长城城墙交相辉映，相得益彰。沿着第二道关口向西而行，便来到三道关，此处山谷狭窄，长城陡峭，气势非凡。可惜的是，宁夏明长城三关口原有关隘已不存，仅存夯土城墙在崎岖的山峦之间绵延起伏。

宁夏中卫市明长城位于中卫市黄河宿集东南侧，其就地取材，依山势走向而建，长城脚下便是奔涌的黄河。因常年遭受风沙侵蚀，原长城已破败不堪，现存的长城是在遗址基础上修复重建的。

宁夏盐池县长城关

宁夏永宁县三关口明长城遗址

宁夏中卫市明长城

华夏第一石头城
——榆林吴堡石城

    吴堡石城，又称"铜吴堡"，位于陕西省榆林市吴堡县宋家川镇，坐落于黄河岸边，高居吴山之上，自古以来就是重要的军事要塞。

    吴堡石城历史悠久，始建于汉代，此后历代多次修葺、扩建。明朝时期曾大修石城，使其规模大增。抗日战争时期，石城内许多古建筑因遭受炮击而损毁。

    吴堡石城是名副其实的石城，建造别具匠心。其依山而建、以石为材，城内房屋、拱券门洞、城顶海墁等多用石筑，坚固厚重、古朴别致。

    吴堡石城平面呈不规则圆形，城墙高大坚实，设东、南、西、北四门，四道城门门洞上方皆嵌有石匾。其中，南门外原先建有一座雄伟坚固的瓮城，后毁于战火。城内建有敌楼、瓮城、垛口、马道等，既方便战时观察、防御，又便于人马、物资调度，形成了一个防御体系完备的军事堡垒。

城内的"王思故居"建于明朝洪武年间，是吴堡石城内历史较为悠久、规模较大的古民居建筑。这是一座石头砌筑的窑洞四合院建筑，由前院和后院组成。前院建筑大多毁于战火，后院建筑相对保存完整，共有五孔石窑，分布于大门及东西两侧。整体布局严谨合理，建筑细节考究，给人以庄重古朴之感。

吴堡石城凭借得天独厚的地理优势、与众不同的建筑风格以及浓厚的历史文化底蕴，被誉为"华夏第一石头城"。

吴堡石城

第五章

灵庙肃神心——黄河岸畔的庙观建筑

黄河岸畔的庙观建筑古香古色，巍然屹立，展现着黄河流域的多样风情。

　　兰州白云观、三原城隍庙、天水伏羲庙、天水玉泉观等庙观各具特色。它们是历史的见证者，是文化的承载者，更是黄河流域人们的精神寄托。

黄河南岸的建筑瑰宝
——兰州白云观

　　在甘肃省兰州市，有一座文化底蕴深厚的道教古观——兰州白云观。百年来，它屹立在黄河南岸，看河水滔滔，迎四方来客。

　　白云观为清代建筑，始建于清道光十七年（1837年）。白云观内供奉八仙之一吕洞宾，因此又称"吕祖庙"。

　　白云观是一处道教文化古建筑群，观内原有山门、殿宇、望河楼、戏楼、钟鼓楼、聚仙楼、聚仙亭、八仙阁、来仙轩、飞仙桥等建筑，所有建筑呈中轴对称分布，布局严谨，形制多样。

　　白云观山门上高悬"白云观"匾额，字迹遒劲有力，十分醒目。观内现存古建筑为三进院建筑群。

　　三进院建筑群中的一进院由正殿"吕祖殿"、钟鼓楼及分布于东西两侧的几座偏殿组成。吕祖殿为五开间单檐歇山顶式建筑，屋顶装饰华丽，其正脊中间立有宝顶，正脊、垂脊等处饰有雕花，雕工细腻，精致美观。梁枋上绘有金龙和玺彩画与旋子彩画，色彩艳丽；梁间则刻有各种图案的木雕，精美异常，衬托得整座大殿越发华美多姿。

二进院正殿为"玉皇殿"，为三开间悬山顶式建筑，屋顶的正脊、垂脊上同样饰有雕花，繁复精美。殿内装饰颇为讲究，门首绘有动物图案，活灵活现；窗下饰以砖雕，题材多样，工艺精湛。

三进院正殿为"三清殿"，是五开间悬山顶式建筑，设有前廊，廊心墙上有精美的雕饰。整座大殿庄重古朴，颇具韵味。

观内除上述古建筑外，还有其他仿古建筑，新旧建筑和谐统一，古韵浓郁。

值得一提的是，白云观内有较大面积的园林，景致秀美，古木参天。与观内主体建筑严格的中轴对称布局不同，园林内的阁、楼、花亭等古建筑错落分布，布局灵活，使白云观建筑群呈现出严谨而不失灵动的建筑风格。

声名远播的"最美城隍庙"
——三原城隍庙

三原城隍庙位于陕西省咸阳市三原县城内，是一组规模宏大、精致华丽的建筑群，享有"最美城隍庙"的美誉。

三原城隍庙始建于明初，明清时期多次修缮，最终形成了包括牌坊、照壁、楼、殿、廊、亭等40余座建筑的建筑群，规模宏大。

城隍庙古建筑群的山门高15米，面阔3间，气势恢宏，檐下有旋子彩绘和苏式彩绘，并悬挂"显佑城隍庙"与"城隍庙"匾额。门前有石板通道，道旁设有廊。

走进城隍庙内，可见一座水磨青砖照壁，壁高10米，宽9.50米，主要由石刻须弥座、"鲤鱼跳龙门"砖雕壁心、歇山式琉璃顶构成，雕刻精美，寓意吉祥。

过照壁后，各类精美古建筑令人目不暇接，有木牌坊、应门、戏楼、东西庑殿、钟鼓楼、大殿、财神殿、寝殿（寝宫楼）等。这些古

三原城隍庙木牌坊

建筑沿纵横轴线有序分布，布局严谨、庄严肃穆。

城隍庙的各单体建筑多飞檐翘角、雕梁画栋、琉璃覆顶，另有精美的石雕、木雕、砖雕、琉璃等装饰，庄重而华丽，素有"殚土木之功，穷造形之巧"的美誉。①

---

① 张征，张栓牢.人文三原 [M].西安：三秦出版社，2011：110—111.

三原城隍庙内部建筑

三原城隍庙屋脊、额枋、斗拱上的装饰

闻名古今的"关西名胜"
——榆林白云山庙

白云山庙，位于陕西省榆林市佳县城南、黄河西岸的白云山上，又称"白云山白云观"，是一座道教古观。古观建筑环境清静幽雅，庙宇林立，周边山水相映，素有"关西名胜""白云胜景"之美誉。

白云山庙始建于明万历三十三年（1605年），明清时期不断修缮和扩建，最终成为西北地区规模最大的一处古建筑群，现存大小建筑近百处。

白云山庙的建筑主要包括山门、四道天门、真武大殿、元辰殿、三清殿、乐楼、藏经阁、超然阁、玉皇楼、财神庙、"三元考校"木牌坊等。不同建筑依山势而建，自山门而入，节节登高，如入天境。

白云山庙内所建殿堂楼阁参差错落、庄严典雅。例如，真武大殿建于高大的台基之上，风姿雄壮，殿前有朱漆红柱，檐下雕梁画栋，屋脊龙兽威武霸气。真武大殿正对面的乐楼装饰华丽，檐下布满彩

白云山庙山门

画、雕刻。藏经阁、玉皇楼等建筑位于真武大殿北侧。其中，藏经阁建于明万历年间，共上下两层，整体结构精巧，古朴雅致；玉皇楼楼体雄伟，八卦顶构造独特，楼内外绿意盎然，环境清幽，置身其中，令人心旷神怡。

白云山庙内另保存有壁画、碑碣、匾额、雕刻、钟鼓、圣旨、御赐道藏等珍贵历史文物，为后世了解与研究陕西古建筑风采与道教文化提供了重要参考。

白云山庙超然阁与"白云胜景"刻字

气势雄伟的"五岳第一庙"
——华阴西岳庙

西岳庙位于陕西省华阴市，作为道教圣地，其历史悠久，享有"五岳第一庙"的美誉。

西岳庙的建筑历史可追溯至西汉时期。相传，西汉时汉武帝命人在华山脚下修建集灵宫，东汉时迁至现今所在位置，并更名为西岳庙。之后，西岳庙历经多次修葺和扩建。现存的西岳庙融合殿、亭、堂、楼、坊等建筑形式，是一个规模较大的宫殿御苑式古建筑群落。

从布局来看，西岳庙内各建筑沿中轴线对称分布，依山体走势，前低后高，构成六个既相互独立又不可分割的建筑空间。其主体建筑包括灏灵门、午门、棂星门、金城门、金水桥、五凤楼、灏灵殿、御书房、万寿阁、望河楼等。

其中，灏灵门作为整座庙宇的山门，以砖石砌筑而成，高大威严，气势不凡。棂星门共计七间，其中三间门楼最为引人注目。这三间楼门皆为琉璃瓦单檐歇山顶式建筑，周围分布着几间耳室，给人以和谐、美观的视觉效果。

灏灵殿是西岳庙的正殿，面阔七间，进深五间，采用琉璃瓦单檐歇山顶，顶部飞檐高翘，檐下斗拱层叠，大殿周围则设有精美的回廊。整座殿宇建于高高的月台上，愈发彰显出灏灵殿气势恢宏、壮丽无比的磅礴气势。

西岳庙建筑群不仅庄严雄伟，而且富丽堂皇。红墙黄瓦、飞檐翘角、雕龙画栋，整个庙宇呈现出金碧辉煌的华丽景象。庙内随处可见各种形式、各类图案的雕刻，工艺繁复、精美。

西岳庙内还珍藏着诸多帝王碑刻、御笔匾额，如后周的"华岳庙碑"、明重刻的"唐玄宗御制华山碑铭"、明万历年间镌刻的"华山卧图"、清乾隆时期的"重修西岳华山庙碑记"、清同治皇帝书"瑞凝仙掌"匾额、清光绪皇帝书"金天昭瑞"匾额等。这些碑刻与匾额，无疑是西岳庙发展的重要历史见证。

西岳庙灏灵门

西岳庙灏灵殿

西岳庙万寿阁

明清古建筑遗珍
——天水伏羲庙

　　伏羲庙位于甘肃省天水市秦州区伏羲路，是为祭祀传说中的人类始祖伏羲而兴建的大型建筑群。

　　伏羲庙始建于明成化年间，明清时期历经多次修缮，故而保留着明清时期的建筑风格。如今，它已成为天水市举办大型祭祀活动与文化活动的重要场所。

　　伏羲庙坐北朝南，布局严谨呈轴对称分布。牌坊、大门、仪门、先天殿、太极殿等建筑沿南北轴线依次排列，院落错落有致，整座建筑群呈现出宫殿式风格。作为伏羲庙的主体建筑，先天殿建于明代，为重檐歇山式建筑，殿内供奉伏羲塑像，是当地人祭祀伏羲的主要场所。

　　先天殿的屋顶装饰华丽，上覆绿色琉璃盖瓦，在阳光照耀下熠熠生辉，格外引人注目。垂脊上饰以绿色琉璃雕花，雕工细腻灵秀。戗

伏羲庙仪门

伏羲庙先天殿

脊上设有戗兽，这既能固定屋脊，又能美化屋顶。此外，先天殿的外檐及内部额枋上都绘有彩画，色彩饱和鲜明，图案精美。经现代人员勘察研究发现，先天殿的彩画历史悠久，最晚绘制于清光绪年间。

伏羲庙是地方民俗文化的重要实物载体。在天水市，每逢伏羲诞辰，人们都会参加盛大的伏羲庙庙会，前往伏羲庙祭祀始祖。

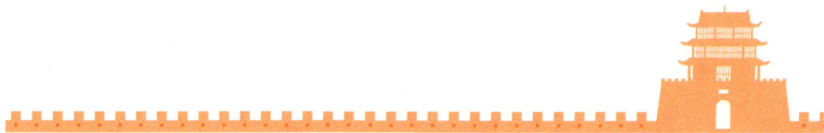

胡缵宗与伏羲庙"与天地准"匾

天水伏羲庙山门上悬挂一匾，上书"与天地准"四个大字，由明代胡缵宗所题写。胡缵宗，陕西秦安（今属甘肃）人，是明代官员、学者、书法大家，在当时声名远扬。据说，他在丁忧居家期间，曾拜访秦州（天水市的古称）的伏羲庙，除作文纪念外，还为伏羲庙题写了"与天地准"匾额，一时传为美谈。

"与天地准"匾字迹遒劲典雅，具有极高的历史和文化价值。可惜的是，原匾已佚失，现存匾额为复制品。

"陇东南第一名观"
——天水玉泉观

玉泉观，又称"城北寺""崇宁寺"，位于甘肃省天水市秦州区天靖山脚下，因山上有一汪玉泉而得名，被誉为"陇东南第一名观"。

玉泉观始建于唐高宗时期，宋代毁于战火，元代初期重建。明清时期，玉泉观多次被重修、扩建，但在清末又遭战火，损毁严重。现存玉泉观为天水市政府主持重修，较好地保留了明清时期的建筑风貌。

玉泉观依山势而建，跨山沟、依崖壁，建筑集中在两处平台之上，包括山门、遇仙桥、牌坊、门楼、玉皇阁、玉皇殿、三清殿、文昌殿、关帝庙、财神庙等，构成庄严雄伟的古建筑群。

其中，玉皇阁修建于元代，清朝时期多次重修，整体带有浓郁的明代和清代建筑遗风。其飞檐翘角，额枋、雀替等处遍布雕饰，以飞龙及各种植物图案为主，雕工精湛，活灵活现。檐下设有回廊，廊基下镶嵌有精美的砖雕，为元代遗构。

　　玉皇阁后是玉皇殿，坐北朝南，面阔三间，进深三间，为单檐歇山顶建筑。屋顶覆以碧色琉璃瓦，十分精美。

　　三清殿是玉泉观混元宫院内的主体建筑，采用重檐歇山顶，面阔、进深皆为五间，构造精巧，高大古朴。

玉泉观山门

　　玉泉观殿宇高耸，古木参天，曲径通幽，风景如画。同时，观内珍存历代碑石、石碣、砖雕等，文化底蕴深厚。其中最值得一提的是，观内碑廊四方石碑上刻有唐代诗仙李白、北宋宰相王安石的名句，为书法大家赵孟頫的手笔，堪称难得一见的艺术珍品。

玉泉观"天门"牌坊

第六章

桥塔竞雄奇——黄河岸畔的桥塔建筑

古桥卧波，承载着浩渺历史长河中的文化记忆；古塔高耸，遥望着消散在漫长岁月中的悠悠往事。

　　守望在黄河岸畔的古桥与古塔，带着黄河流域的文化烙印，历经千百年风雨洗礼，至今依然让人们为其深厚的文化底蕴与迷人的建筑风采赞叹不已。

千里渭河第一桥
——渭源灞陵桥

灞陵桥位于甘肃省定西市渭源县城南的清源河上，被誉为"渭河第一桥"。

灞陵桥横跨在黄河最大支流渭河的主源之———清源河上，其建桥历史可追溯至明朝。明朝时期的灞陵桥为平桥，主要供行人和牲口通行。几百年来，灞陵桥屡遭洪水冲毁，又屡次重建。现存灞陵桥建于民国时期，距今已有100余年的历史。

现存灞陵桥是一座伸臂木梁桥，也是一座纯木质伸臂曲拱叠梁桥。桥长约40米，跨度约30米。桥两岸建有坚固厚实的桥墩，桥身从两岸桥墩伸出，向半空逐次梯级飞挑，形成一道流畅优美的弧线，远远望去，宛如飞虹。桥下虽无支撑，桥身却稳固地横跨两岸，这是因为桥身两侧层层递进的伸臂木梁将力稳稳传递到两岸桥墩上，同时使桥身重量均匀分散，有效加固了桥身的稳定性。

灞陵桥

　　值得一提的是，整座灞陵桥不用一钉一铆，仅用木构件相互交错搭接支撑，体现了建桥工匠惊人的智慧。

　　灞陵桥两端建有卷棚式桥台，桥上有廊顶，上覆琉璃瓦，既精致美观，又能为行人遮风避雨。桥身两侧设有栏杆，既保护行人安全，又方便人们凭栏远眺，欣赏河面美景。

　　灞陵桥历史悠久，地理位置特殊，再加上巧妙的建造设计，颇受古今文人的青睐，因此留下许多牌匾、楹联、石刻等遗存，文化底蕴深厚。

历经沧桑的"黄河第一桥"
——兰州中山桥

中山桥横跨黄河，又名"黄河铁桥"，位于甘肃省兰州市，是一座由国外设计师设计的桥梁。

中山桥始建于清光绪三十四年（1908 年），由中、美、德三国合作建造，历时约 1 年建成。中山桥建成之初，被命名为"第一桥"，并立石碑记录建桥过程。[①] 民国时期，为纪念孙中山先生，"第一桥"更名为"中山桥"。

中山桥全长 233.5 米，宽 8.36 米，共有 2 座桥台、4 个桥墩、5 个桥孔。其桥台、桥墩坚固厚实，桥身之上的五座弧形钢架拱梁由直线、曲线搭配而成，整体线条流畅，为桥体增添了几分灵动和韵律感。远远望去，中山桥桥身比例匀称、构造和谐，与黄河两岸磅礴壮

---

① 刘起.作为工业遗产的兰州黄河铁桥建筑研究[D].西安：西安建筑科技大学，2008：14.

丽的自然风光相映成趣，相得益彰。桥头建有一座高大的石碑，上书"黄河第一桥"五个大字，遒劲有力。此外，桥头还设有牌坊、匾额等，工艺精湛，彰显出厚重的历史与文化气息。

从建筑设计和用材来看，中山桥桥身为5孔穿式钢桁架结构，5个弧形拱将中山桥分成5个相对独立的空间。桥上弧形拱相交处的正下方有巨大的方形石重力式桥墩作支撑，桥墩窄细但坚固，方向与河流方向平行，有效减少了水流对桥墩的冲刷。这种设计蕴含着独特的建筑智慧，令后人赞叹不已。

整体而言，中山桥雄壮挺拔、简约大气，富有工业化气息，为后人研究中国近代史上洋务运动时期的桥梁建筑风格与特征提供了重要的历史实物参考。

中山桥

古塔建筑中的杰出代表
——兰州白衣寺塔

　　白衣寺塔，又称"白衣庵塔"，位于今甘肃省兰州市博物馆院内，因其原建于白衣寺中而得名。

　　白衣寺塔始建于明崇祯年间，保存至今，而其所在的白衣寺因历经多次战火已不复存在。

　　白衣寺塔是一座实心砖塔，高约30米。整座塔分为塔基、塔身、塔刹三部分。白衣寺塔的塔基高约3米，为须弥座，其上遍布砖浮雕画，雕刻精美，寓意吉祥，大小浮雕合计28块。塔身建于须弥座上，下部外壁光滑，呈覆钵状，南侧设1个佛龛，龛高2.5米，其内原有3尊佛像，今已不存。塔身上部呈八角形锥体，各层设密檐，每层每面各开佛龛、塑佛像。

　　从塔基向上，白衣寺塔的塔身直径逐渐缩小。塔顶宝刹由刹基、刹身、刹顶组成，其中刹基呈蓝色仰莲状，刹身呈宝瓶形，刹顶呈葫芦形，整体高约 1 米，直插云霄。

　　特别值得一提的是，我国古塔的层数一般为单数，但白衣寺塔的层数却为偶数（12 层），这种建筑形制在我国古塔建筑中较为罕见。

白衣寺塔

千年古都的文化地标
——西安大雁塔与小雁塔

　　陕西省西安市内有两座唐代古塔遥遥相望，它们便是大雁塔和小雁塔，是唐代长安城的标志性古建筑。

　　唐代僧人玄奘西行取经东归长安城后，为存放佛经而建塔，以"雁塔"命名。后来，长安城内又修建了一座规模较小的雁塔，于是有了大雁塔、小雁塔之名。

大雁塔

　　大雁塔始建于唐永徽三年（652 年），因建于慈恩寺内，又名"慈恩寺塔"。

大雁塔

大雁塔是一座四方楼阁式砖塔，共 7 层，通高 64.7 米，主要由塔基、塔身、塔刹组成。塔基高 4.2 米，塔身底层呈方锥形，边长 25.5 米，塔刹高 4.87 米。大雁塔塔身四面设券门，各层均可凭栏远眺。塔内中空，沿着塔内楼梯可登上最高层。塔身各处分布着精美的雕刻，内容包括花卉、佛像等，形式有浮雕、线刻等。大雁塔整体古朴浑厚，细节华丽精致，是一座保存较为完好、规模宏大、简洁庄重、巍峨大气的唐代佛塔。

大雁塔建成后，唐高宗李治、唐中宗李显曾先后登塔览胜、作诗，百官唱和。此后，文人多效仿此举，常邀约一起至大雁塔登高远眺、吟诗作赋，渐成风俗。更有赶考学子在科考高中后，特地到大雁塔作诗题名以留作纪念，留下"雁塔题名"的佳话。杜甫、岑参、高适、白居易等人都曾登大雁塔后留下佳作。

小雁塔

小雁塔始建于唐景龙年间，因位于荐福寺内，又名"荐福寺塔"。

小雁塔为四方形密檐式砖塔，现有 13 层，通高 43.4 米，主要由地宫、基座、塔身、塔檐四部分构成。基座下有竖穴地宫，基座上建单壁中空的塔身，塔身二层以上逐层内收，塔刹破坏严重，现已不存。小雁塔的塔身上下收拢，中间外扩，构造别致。塔底层在南北两面各设一券门，券门门框皆以青石砌成，质感独特，坚固耐用。门楣

小雁塔

上刻有各种装饰图案，以祥云、蔓草及佛教人物图为主，刻工精细，极具美感。塔二层以上在南北两面都开有圆拱形券窗。此外，塔身各层密檐为砖砌，随塔身建筑平面外展，轮廓呈方形，密檐进深较短，遮雨效果较差，主要起到建筑装饰作用。

在唐代，挺拔俊逸、玲珑秀丽的小雁塔是名传天下的国家寺院，与寺内钟楼古钟共同构成"关中八景"之一的"雁塔晨钟"，吸引着文人墨客不断前往赏景怀古。它见证了大唐的兴衰变迁，寄托了唐人的高远情怀，更将唐代建筑博大雄浑、典雅凝重的独特风貌代代相传，令今人亦能从中一览大唐盛世的辉煌建筑成就及风采！

巍然屹立的"镇仙宝塔"
——西安大秦寺塔

  大秦寺塔位于陕西省西安市周至县，又名"镇仙塔""镇仙宝塔"。它依山而建，巍然挺立，古朴美观，堪称古塔中的珍品。

  大秦寺塔始建于唐建中二年（781年），现为宋代重修后的风貌，后又多次修葺，如今二层以上较好地保存了原貌。明嘉靖时期的《周至县志》中记载："五峰丘木山在县东三十里，塔谷山腰有大秦寺，旧碣记宋建隆四年重修，寺内有镇仙宝塔，高约八丈，八棱形为唐太宗敕建。"

  大秦寺塔是一座楼阁式砖塔，塔高38.6米，塔基周长44米。塔身为正八角形，共七层，第一层东、南、西、北四面各开一圆拱形门，其中，东、南、西面为假门，北面为真门，可通过此门进入塔内。塔身第二层以上都显现出楼阁式建筑的特征，各层塔檐形制相同，第二至六层相邻塔层的券门面向不同方向。远远望去，塔身每层平面向上递减，整体上窄下宽，呈锥状，犹如巨型竹笋直指云霄。塔顶为八角攒尖式，上立铁刹，工艺精美，衬托得大秦寺塔越发古朴雄伟。

　　大秦寺塔不仅历史悠久，而且文化底蕴深厚。塔内有许多历史遗存，如清末民国初的塑像、古代叙利亚文刻字等。这些遗存为研究古塔塑像、刻字及中西方文化的交流提供了宝贵的参考。

直冲霄汉的塞北名塔
——银川海宝塔

  海宝塔，又称"赫宝塔""黑宝塔"，位于宁夏回族自治区银川市海宝塔寺内，是塞北著名的古塔。海宝塔挺拔雄伟，直入云霄，享有"古塔凌霄"的美誉。

  海宝塔始建于北朝晚期至隋唐年间，后经历过多次修建，现存的塔为清代重建，气势恢宏。

  海宝塔为方形楼阁式砖塔，通高53.9米，由塔基、塔座、塔身、塔刹四部分组成。塔基为正方形，高5.7米，外观朴实，没有太多装饰，东面有台阶可通至塔座。塔座位于塔基之上，也为正方形，用以承托塔身。塔身的建筑平面均呈方形，逐层向上稍内收，外部四面都开设有半圆券门，塔壁出轩部分也设有券门，内部上下贯通，但塔身顶层无券门。塔刹位于塔的最顶端，整体呈覆斗形，上覆一个巨大的绿琉璃攒尖顶，极为壮观。

整体来看，海宝塔的塔身造型、装饰风格及内部构造都保留着唐塔的遗风，而台基、基座等则带有明显的宋代佛塔特点。海宝塔节节攀升、层次分明、线条明朗，历经风雨洗礼的青砖凝聚着历史的古韵，散发出独特的魅力。

海宝塔

宁夏现存最高的古砖塔
——银川承天寺塔

    承天寺塔，又名"西塔"，位于宁夏回族自治区银川市，与银川市的海宝塔遥遥相对。

    承天寺塔始建于西夏时期，建成后曾因地震而遭到毁坏，现存古塔为清嘉庆年间依旧制重修，较好地保留了原佛塔的风貌。

    承天寺塔是一座八角楼阁式砖塔，坐西朝东，共11层，通高64.5米，是宁夏现存古塔中最高的一座砖塔。

    承天寺塔的塔基呈方形，高2.6米，承托塔身。塔身一至三层无窗洞，四至十层的塔壁四面交替设拱形窗洞，顶层四面均设圆窗，各层有收分。塔身出檐处挂有铁铃，随风摇动时会发出悠远的铃声。塔内中空，各层之间有木梯相连，可攀登而上，登至顶层可极目远眺，将周围风景尽收眼底。塔刹呈桃形，覆绿色琉璃，圆润精巧，十分醒目。

整座古塔挺拔高耸、身姿秀丽，与周围的参天古树、殿宇楼阁相互映衬，形成了一道亮丽的风景线。

承天寺塔

黄河岸边的古塔奇景
——青铜峡一百零八塔

一百零八塔，位于宁夏回族自治区吴忠青铜峡市，是一处始建于西夏时期的古塔群。因其年代久远、形制独特、数量众多而名扬天下，是黄河岸边一道独特的古塔奇景。

一百零八塔整个塔群依山而建，略呈等腰三角形排列，自上而下的古塔数量分别是1、3、3、5、5、7、9、11、13、15、17、19，共12行、108座古塔。

一百零八塔均为实心塔，内部为夯土和石灰，外壁包砖。塔群中所有的塔均由塔座、塔身、塔刹三部分构成，但各塔的形制又略有不同。

具体而言，一百零八塔的形制有四种，即十字折角形基座、覆钵式塔身（第一层）；八角束腰须弥座基座、葫芦式塔身（二至六层）；八角束腰须弥座塔基、圆筒式塔身（第七层）；八角束腰须弥座塔座、折腹式塔身（八至十一层）。

一百零八塔各塔大小相近，排列紧密，构成规模壮观的古塔群。

其宏大的规模和独特的布局，在中国古塔建筑中独树一帜。

一百零八塔

木构塔式建筑奇珍
——应县佛宫寺释迦塔

　　佛宫寺释迦塔，又称"应县木塔"，位于山西省朔州市应县佛宫寺内。该塔始建于辽清宁二年（1056 年），高 67.31 米，是世界现存最高、最古老的木构古塔。

　　佛宫寺释迦塔是一座木构楼阁式塔，全塔构件均为木制，没有使用一根铁钉，依靠巧妙的卯榫结构相互咬合、支撑，设计精巧，结构稳固。

　　佛宫寺释迦塔由塔基、塔身、塔刹构成。塔基有两层，上层塔基呈八角形，下层塔基呈正方形。塔基之上是五层六檐的塔身，实际为明五暗四，共九层。塔身端庄秀丽，塔檐外扩，舒展有致，斗拱形式多样，如莲花盛开，为古塔增添了几分雅韵。塔刹设基座，镶嵌宝盖、宝珠，是木塔顶部的绝美风景。

　　在佛宫寺释迦塔的各层塔檐之下，不同方位悬挂着数量可观的匾

额。这些匾额包括明成
祖朱棣书"峻极神工"
匾额、明武宗朱厚照题
写的"天下奇观"匾额
以及清康熙年间应州知
州章弘所题的"万古瞻
观"匾额等。这些匾额
汇集了各个朝代帝王、
文人、官员的墨宝，记
录了佛宫寺释迦塔的修
建过程。

　　塔内供奉有佛像、
菩萨、力士等彩塑，具
有较高的艺术价值，是
佛宫寺释迦塔重要的历
史文化遗存。

应县佛宫寺释迦塔

应县木塔细节

佛宫寺释迦塔之"最"

佛宫寺释迦塔在中国乃至世界古塔建筑中均具有重要的历史地位，具体体现在以下几个方面。

最古老：佛宫寺释迦塔建于辽代，距今已有近 1000 年的历史。其间只进行过修葺，从未重建，是世界现存最古老的木构建筑。

最高大：佛宫寺释迦塔通高 67.31 米，大约相当于 22 层楼的高度，是我国最高的木塔，也是世界上最高的木构建筑。

最巧妙：佛宫寺释迦塔设计巧妙，不借助一钉一铆，全部凭借建筑构件镶嵌穿插构成稳定的斗拱。全塔斗拱样式近 60 种，有"斗拱博物馆"之称。

最牢固：佛宫寺释迦塔地基深入地下，塔身设有暗层，使塔的结构更加坚固。全塔木构件相互卯榫咬合，具有较好的抗震能力和缓冲外力冲击的能力，因此历经近千年多次地震、炮火仍屹立不倒。

第七章
——
其他建筑，共谱黄河风情

黄河流域富有地域风情和历史古貌的古建筑傲然挺立，共同谱写着黄河两岸别样的人文风情。

　　聊城山陕会馆、酒泉钟鼓楼、礼泉昭陵、韩城司马迁祠等，这些都是黄河文化的地标性古建筑。它们守护着一方土地，体现了古人的创造智慧与家国情怀，成为黄河流域美丽的人文景观。

中国第一会馆
——聊城山陕会馆

　　山陕会馆位于山东省聊城市，是清代山西、陕西两地的商人们举行商业集会的场所。山陕会馆位居明清时期聊城的"八大会馆"之首，也是唯一保存至今的会馆，堪称"中国第一会馆"。

　　聊城山陕会馆始建于乾隆八年（1743年），前后修建、扩建历时60余年，形成了一个集祭祀活动、商业集会、建筑雕刻艺术为一体的，具有一定规模的古建筑群。

　　聊城山陕会馆建筑群包括山门、过楼、戏楼、钟鼓楼、南北配殿、春秋阁、关帝大殿等多种建筑。这些建筑在布局上呈现出沿中轴对称、主次分明的特点。其中，戏楼是山陕会馆建筑群中的精品，其顶部采用白色葫芦顶，造型独特，令人过目难忘。屋檐四面十个翼角高高翘起，似孔雀开屏般绚丽、轻盈。戏楼内雕梁画栋，装饰华美，令人目不暇接、惊叹不已。整体而言，戏楼精致、典雅，独具匠心。

聊城山陕会馆的建筑雕刻、彩绘十分绝妙。比如，聊城山陕会馆山门的门楣上和柱础上有蝙蝠、狮子等各类石雕；南北配殿的献殿的檐柱和柱础上有花卉、麒麟、大象等图案的雕刻；看楼的额枋上下有瑞兽、人物、花卉等图案的雕刻与彩绘；院落中还可见到关圣帝君、关平等人物雕刻。这些雕刻和彩绘将聊城山陕会馆装饰得异常绚丽和精美。

山陕会馆戏楼

山陕会馆的雕刻与彩绘

熠熠生辉的清代"花戏楼"
——丹凤船帮会馆

　　丹凤船帮会馆，又名"平浪宫""明王宫"，位于陕西省商洛市丹凤县。始建于清代，是清代水手和船工们集资建立的集会场所。

　　丹凤船帮会馆的布局为前宫后楼，设计十分巧妙。其山门是一座用厚重石块砌筑的石牌楼，飞檐高翘，高大雄伟。山门两侧刻有楹联和壁画，两边翘檐下饰以彩绘。大门正面镶有"明王宫"石匾，石匾周围有精美的雕刻。

　　步入山门，会馆内古建筑鳞次栉比，皆古朴雅致，韵味十足。

　　最南端为会馆的主体建筑——戏楼。其坐北朝南，采用砖木结构，呈"南宫北楼"的建筑格局。其中，南为牌坊门，北为戏台，其集山门与戏台于一体，建筑设计十分独特。

　　戏楼的主体位居中间，戏楼宝顶形似葫芦，屋脊上彩塑、石雕林立，十分精美。戏楼挂有"秦镜楼"立匾和"和声鸣盛"横匾。"和声鸣盛"匾额两侧的浮雕画联以画代字，活灵活现，妙不可言。戏楼的建筑风格集南北方建筑风格之大成，既有北方建筑的雄伟和端庄，又有南方建筑的秀丽和细致。

此外，丹凤船帮会馆建筑的系列典故雕刻美轮美奂，包括文王访贤、囊萤映雪、昭君出塞、赤壁怀古等典故。雕刻构图巧妙，人物生动，具有极高的艺术观赏价值。

丹凤船帮会馆山门

甘肃地标性建筑
——酒泉钟鼓楼

　　酒泉钟鼓楼位于甘肃省酒泉市中心，是一座保存完整、彰显明代建筑风格的古建筑。

　　酒泉钟鼓楼有着悠久的历史，并在不同的时期被修葺和扩建。东晋时期，钟鼓楼原为守城戍卒打更、巡逻的东城门。到了明朝时期，东城门因城垣扩建而成为城中心，台基增设南北洞门，台基上建木楼、置大鼓，改为鼓楼，鼓楼建筑形式和周围道路规划基本固定。清朝时期，增设大钟，鼓楼称为"钟鼓楼"。后钟鼓楼因战火被毁，光绪年间依明代形制重建。[①]

　　钟鼓楼高约 27 米，由基座和木楼构成。钟鼓楼的基座呈方形，

---

① 马立斯.中国古建筑文化之旅·甘肃、宁夏、青海[M].北京：知识产权出版社，2002：111

高 8 米，周长 112 米，外表包砖，雄浑稳固。基座的东、西、南、北四个方向各设一个门洞，门洞之上悬挂门额，门额之上有浮雕装饰，分别为"东迎华岳"门额、"二龙戏珠"浮雕；"西达伊吾"门额、"丹凤朝阳"浮雕；"南望祁连"门额、"河图洛书"浮雕；"北通沙漠"门额、"八仙庆寿"浮雕。门额言简意赅，点明钟鼓楼的重要地理位置，浮雕装饰寓意吉祥，体现了古人对本地历史文化的热爱与对美好生活的向往。

钟鼓楼的木楼呈塔形，共三层。一楼外设檐柱，内有通天柱直通楼顶；二楼檐下的东西两面悬挂"声震华夷""气壮雄关"巨幅匾额；三楼四面开窗，设有回廊。整个鼓楼俊秀挺拔、雄伟壮观，登楼远眺，可将周围景色收入眼底。

钟鼓楼既具有浓厚的文化底蕴，又是历史变迁的见证者，是一座具有浓郁历史文化气息的地标性建筑。

酒泉钟鼓楼

中国石窟的百科全书
——炳灵寺石窟

　　炳灵寺石窟位于甘肃省临夏回族自治州永靖县积石山大寺沟的峭壁上，拥有诸多窟龛，佛教石雕造像、佛教泥塑像、壁画等更是数不胜数，其雕塑内容丰富、题材广泛，享有"中国石窟的百科全书"的美誉。

　　炳灵寺石窟开凿于西晋初年，历经千年的风雨洗礼，一直保存至今。北魏之前，这里被称为"唐述窟"，后几经更名，"炳灵寺"的名字始于明永乐年间。

　　炳灵寺石窟现存窟龛183个，包括西秦、北魏、北周、唐等朝代的石雕与泥塑像共计700余尊。造像或秀骨清像，或体态丰腴，体现了不同朝代的审美风格。例如，第171龛内的唐代弥勒佛大坐像，高27米，采用石胎泥塑工艺，刀法粗犷，身姿挺拔，慈眉善目，表情和服饰具有动态之美。

炳灵寺石窟第 171 窟弥勒佛大坐像

一些洞龛之中有单个或组合的塑像，洞壁上留有色彩鲜艳的壁画，构图精美，线条遒劲，依稀可见当年古朴、庄严与浪漫的艺术审美。

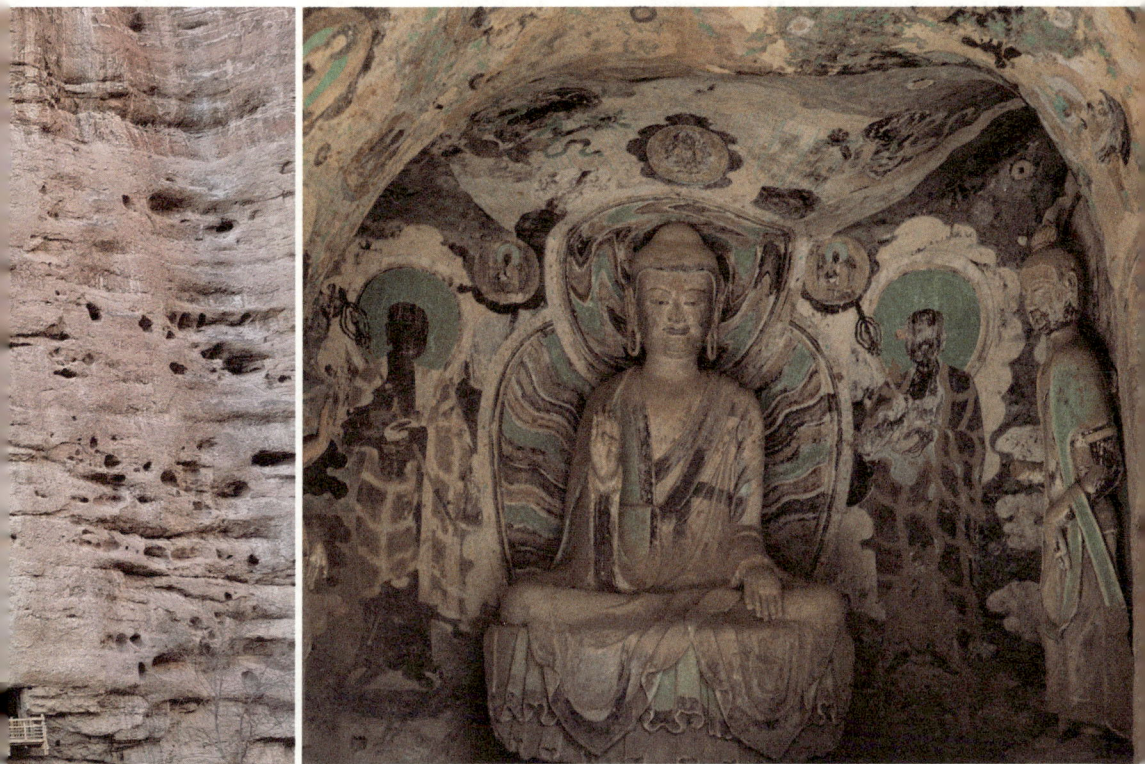

炳灵寺石窟造像与壁画

规模浩大的"天下名陵"
——礼泉昭陵

　　昭陵位于陕西省咸阳市礼泉县的九嵕山上，是唐太宗李世民与文德皇后长孙氏的合葬陵墓。其建筑规模位居陕西关中"唐十八陵"之首，被誉为"天下名陵"。

　　昭陵始建于唐贞观年间，由唐代著名画家阎立德、阎立本精心设计，建造施工历时100余年。陵墓仿照长安城的建筑格局，包括宫城、皇城、外廓城，地下深处建有玄宫，地面之上围绕山顶建造方形小城，城的四周筑有城垣。

　　除唐太宗与长孙皇后的合葬陵墓外，昭陵中还有长孙无忌、魏征、房玄龄、长乐公主、韦贵妃等180余座陪葬墓。

　　目前，昭陵地面建筑已不复存在，地宫尚未挖掘，但结合文献记载及少量出土文物，仍可窥见昭陵建筑的辉煌和宏大。《旧五代史》记载："宫室制度闳丽，不异人间。"宋敏求在《长安志图》中记载：

"以九嵕山山峰下的寝宫为中心点，四周回绕墙垣，四隅建立楼阁，北为玄武门，南为朱雀门，周围 12 里。"昭陵出土的残鸱尾修复件高约 1.5 米，宽约 0.6 米，长约 1 米，具有极高的艺术价值。陵园北玄武门庑廊内的昭陵六骏雕塑，每件高约 1.72 米，宽约 2.04 米，厚约 0.4 米，造型生动、刻工精细，是名传古今的石雕珍品。此外，昭陵出土大量精美的壁画，题材丰富，有侍女图、对舞图、奏乐图、仪卫图、牛车图等。这些壁画画工精湛、笔法流畅、形神兼备，且构图精巧、色彩绚丽，令人拍案叫绝。根据这些记载和昭陵出土的珍贵文物，可以了解到昭陵规模的浩大和布置的华丽。

依崖而建的"名胜之冠"
——韩城司马迁祠

　　韩城司马迁祠是为了纪念西汉史学家司马迁而修建的祠墓，位于陕西省韩城市芝川镇的高岗上，东临滔滔黄河，是重要的历史遗址。

　　司马迁祠始建于西晋永嘉三年（310年），后世多次修葺和扩建，祠后是司马迁墓。

　　司马迁祠依山而建，呈阶梯状，自下而上共四个高台、九十九级台阶，可拾级而上，依次登高。在司马迁祠的前三个高台前各建有一座木牌坊，牌坊上分别写有"高山仰止""史笔昭世""河山之阳"字样，象征着司马迁的高尚品格和作为史学家的重要历史地位。

　　整个司马迁祠包括献殿、寝宫、衣冠冢等建筑遗存，另有记录司马迁相关内容的碑石100余座，这些为后人了解司马迁的生平事迹和人格魅力，以及司马迁祠的建造、修葺历史提供了重要参考。

司马迁祠第一台牌坊

史笔昭世

司马迁祠第二台牌坊

司马祠第三台牌坊

大荔天下第一仓
——丰图义仓

　　丰图义仓位于陕西省大荔县城朝邑镇内，是一座集仓储与防御功能为一体的粮仓，有"天下第一仓"之称，是黄河西岸的宝贵历史遗迹。

　　丰图义仓始建于清光绪八年（1882年），由时任东阁大学士阎敬铭（朝邑人）倡仪修建，历时四年建成，清廷御批"天下第一仓"。

　　丰图义仓规模庞大，主要由外仓城、内仓城、仓房及院落组成。其中，外仓城指的是外围城墙、壕沟等部分，在粮仓外围筑有城垣，极大地增强了丰图义仓的军事防御功能，形成了"城中城"的建筑格局，具有储粮与防御双重功能。

　　内仓城坐北朝南，东西长约130米，南北宽约80米，高约8米。城垣内部设有仓廒和矩形院落，布局科学合理。丰图义仓内部的仓房皆为券顶式单拱结构，高大宽敞，墙体厚实，实用性强。

丰图义仓

仓城内还建有一组三合院建筑，其上房为三开间硬山顶建筑，附有外廊，上房两侧各建有三间精致小巧的耳房。这组院落是仓房管理机构所在地。

丰图义仓历史悠久，选址科学，地势高而向阳，通风良好，防洪能力强。建筑雄伟壮观，建成后曾多次发挥放粮救民的重要作用，至今仍在使用。

丰图义仓督建者阎敬铭

阎敬铭，陕西省大荔县朝邑镇人，晚清重要大臣，是创建丰图义仓的提议者和督建者。

阎敬铭热爱家乡，某次家乡大旱时，他积极赈灾，并捐款修建义学。此外，经过一番深思熟虑后，阎敬铭决定在家乡修建一座义仓。后来，在他的倡议和督促下，大荔县城西侧果然建起一座规模庞大、堪比城池的粮仓，即丰图义仓。据说，朝廷知道此事后称赞不已，并称丰图义仓为"天下第一仓"。

参考文献

[1] 刘成疆. 陕北榆林古建筑修复实例 [M]. 西安：三秦出版社，2019.

[2] 刘临安. 中国古建筑文化之旅·陕西 [M]. 北京：知识产权出版社，2004.

[3] 马立斯. 中国古建筑文化之旅·甘肃、宁夏、青海 [M]. 北京：知识产权出版社，2002.

[4]《亲历者》编辑部. 寻找中国最美古建筑. 陕西（第 2 版）[M]. 北京：中国铁道出版社，2017.

[5] 施经纬. 中国古代帝陵文化探秘 [M]. 北京：中国财富出版社，2015.

[6] 徐永清. 宫殿简史 [M]. 北京：商务印书馆，2022.

[7] 闫天成. 陕西旅游基础知识 [M]. 北京：旅游教育出版社，2017.

[8] 张君奇.青海古建筑论谈 [M].西宁：青海人民出版社，2002.

[9] 张征，张栓牢.人文三原 [M].西安：三秦出版社，2011.

[10] 张正明，高春平.平遥 [M].北京：旅游教育出版社，2001.

[11] 赵鑫宇.窥探兰州白云观建筑群 [C]// 中国民族建筑研究会第二十一届学术年会论文特辑：2018 年卷.

[12] 刘起.作为工业遗产的兰州黄河铁桥建筑研究 [D].西安：西安建筑科技大学，2008.

[13] 石琳.泰安岱庙天贶殿建筑装饰艺术研究——以建筑彩画和壁画为例 [D].南京：南京师范大学，2013.

[14] 王谦.文化、功能、意义和作用——西安明城墙生存策略研究 [D].西安：西安建筑科技大学，2007.

[15] 张瑞涛.三原城隍庙空间组织与装饰艺术研究 [D].西安：西安建筑科技大学，2013.

[16] 程娟，景涛.海宝塔始建年代探析 [J].山西建筑，2012（34）：1—2.

[17] 程万里.中国古建筑源流 [J].古建园林技术，1989（02）：51—55.

[18] 崔松林.黄河流域地理环境与古代建筑发展演进的关系 [J].丝绸之路，2015（24）：12—14.

[19] 傅熹年.唐长安大明宫含元殿原状的探讨 [J].文物，1973（07）：30—48.

[20] 郭晓宁，张蕾，薛小杰.谈西安明城墙南门箭楼的复建设计 [J].山西建筑，2007（06）：46—47.

[21] 何婧 . 陕西丹凤船帮会馆装饰艺术研究 [J]. 大众文艺，2017（14）：75.

[22] 侯植元 . 乔家大院木雕装饰图案及其艺术特征分析 [J]. 今古文创，2022（27）：86—88.

[23] 胡焓冰 . 西北民居建筑特点探析——以胡氏民居为例 [J]. 美与时代（城市版），2019（10）：17—19.

[24] 霍康 . 浅谈山西祁县乔家大院民居建筑中的石雕艺术 [J]. 文物鉴定与鉴赏，2018（01）：56—57.

[25] 蒋鑫 . 王家大院之建筑赏析 [J]. 商场现代化，2012（21）：268.

[26] 李崇峰 . 陕西周至大秦寺塔记 [J]. 文物，2002（06）：84—93+1.

[27] 李春荣，张葆才 . 花戏楼散记 [J]. 当代戏剧，1985（03）：63.

[28] 李芳 . 王家大院的照壁艺术探析 [J]. 大观（论坛），2020（01）：36—38.

[29] 李文 . 甘肃天水伏羲庙及其乐楼考述 [J]. 中华戏曲，2015（02）：74—91.

[30] 李映田，王超 . 中山桥美学分析 [J]. 福建建材，2014（12）：50—52.

[31] 李永 . 唐长安兴庆宫的政治空间建构与历史书写 [J]. 学术月刊，2023（09）：183—198.

[32] 李占周 . 白云山庙观胜 [J]. 中国道教，2000（04）：56—57.

[33] 梁爱芳 . 乔家大院：建筑史上的一颗璀璨明珠 [J]. 中学生博览，2024（08）：66—67.

[34] 马晶，刚家斌.传统村落保护与开发的困境及对策——以陕西韩城党家村为例 [J].科技创新导报，2017（27）：152—153, 155.

[35] 骈永年.九塞屏藩，三关首镇——偏头关 [J].万里长城，2011（1）：29—31.

[36] 宋丽静.平遥城墙文化属性解读 [J].文物世界，2007（05）：31—33.

[37] 王文瑞.浅析 AR 增强现实在非遗传承保护中的应用——以王家大院砖雕为例 [J].中国民族博览，2018（09）：47—48.

[38] 王文元.兰州白衣寺塔：明代珍宝大发现 [J].东方收藏，2014（02）：104.

[39] 魏唯一，陈怡.陕西韩城党家村 [J].文物，2018（12）：69—81.

[40] 筱华，吴莉萍.河西走廊的古建筑瑰宝——甘肃永登鲁土司衙门 [J].古建园林技术，2004（01）：41—45.

[41] 徐聪慧.天水胡氏民居浅谈 [J].文物春秋，2004（05）：34—40.

[42] 杨宇峤."百年仓廪 邑城屏藩"——解读清代丰图义仓建筑 [J].同济大学学报（社会科学版），2007（03）：47—52.

[43] 怡凡.大运河的守望者——山陕会馆 [J].走向世界，2009（10）：70—71.

[44] 周志建，胡燕琴，李陇堂.宁夏三关口明长城旅游资源评价与资源开发初步研究 [J].江西科技师范学院学报，2008（04）：30—34, 93.